Robert Michel

Kompensation von sättigungsbedingten Harmonischen in den Strömen feldorientiert geregelter Synchronmotoren

Robert Michel

Kompensation von sättigungsbedingten Harmonischen in den Strömen feldorientiert geregelter Synchronmotoren

Untersuchungen am Beispiel
einer permanentmagneterregten Maschine
mit Einzelzahnwicklung

VIEWEG+TEUBNER RESEARCH

Bibliografische Information der Deutschen Nationalbibliothek
Die Deutsche Nationalbibliothek verzeichnet diese Publikation in der
Deutschen Nationalbibliografie; detaillierte bibliografische Daten sind im Internet über
<http://dnb.d-nb.de> abrufbar.

Dissertation Technische Universität Dresden, 2009

1. Auflage 2009

Danksagung

Die vorliegende Dissertation entstand während meiner Arbeit als Entwicklungsingenieur im Bereich der System- und Antriebsentwicklung der Firma Bosch Rexroth Electric Dives and Controls.

Ich möchte allen danken, die zu dem Gelingen der Arbeit beigetragen haben.

Mein besonderer Dank gilt Herrn Professor Dr.-Ing. habil. Peter Büchner, welcher mir in zahlreichen Gesprächen mit Rat zur Seite stand.

Ebenso dankbar bin ich Herrn Professor Dr.-Ing. Ingo Hahn für die ausgezeichnete fachliche Betreuung und seine Geduld in vielen Konsultationen.

Des Weiteren danke ich Herrn Dipl.-Ing. Alexander Schmitt für seine Unterstützung bei der Implementierung von Software und der Durchführung von Versuchsreihen sowie für viele anregende Diskussionen. Herrn Dipl.-Ing. Matthias Wahler und Frau Kerstin Noack bin ich für ihre Unterstützung in organisatorischen und administrativen Angelegenheiten sehr dankbar. Sie haben maßgeblich zu den äußerst günstigen Rahmenbedingungen während meiner Arbeit beigetragen.

Meinen Diplomanden Herrn Dipl.-Ing. Mathias Schlecht und Herrn Dipl.-Ing. Dennis Hülsmann danke ich für die inspirierende Zusammenarbeit, welche einen bedeutenden Einfluss auf diese Dissertation hatte.

Schließlich danke ich Herrn Dipl.-Ing. Christian Paul, Herrn Dipl.-Ing. Uwe Scheithauer sowie Herrn Dipl.-Ing. Daniel Kanth für ihre konstruktiven Hinweise bezüglich der fachlichen und sprachlichen Aspekte der Arbeit.

Robert Michel

Inhaltsverzeichnis

Abbildungsverzeichnis

Tabellenverzeichnis

1. Einleitung

Als einen elektrischen Antrieb bezeichnet man in der Servotechnik ein System, das aus einem leistungselektronischen Stellglied, einem elektromechanischen Energiewandler und den zum Betrieb des Wandlers nötigen Sensoren und Reglern besteht. Solche Antriebe stellen heutzutage einen notwendigen und in der Anzahl wachsenden Bestandteil in den meisten industriellen Anlagen dar. Dabei stehen nicht nur technische, sondern auch ökonomische Aspekte im Fokus der Konstrukteure. Eine wichtige Rolle in der Klasse der elektrischen Antriebe spielen die permanentmagneterregten Synchronmaschinen. Bei Servoantrieben sind sie fast ausschließlich als dreiphasige Drehstrommaschinen ausgeführt und werden durch einen Wechselrichter mit Spannungen und Strömen versorgt. Gerade die Fortschritte in den Werkstoffwissenschaften bei der Entwicklung leistungsstarker und kostengünstiger Permanentmagnete [60–62] haben der Verbreitung dieser Maschinen weiteren Auftrieb verliehen. Die folgenden Ausführungen beziehen sich auf umrichtergespeiste Synchronmaschinen, welche durch Permanentmagnete erregt werden.

Ein Aspekt, welcher für den Betrieb eines elektrischen Servoantriebs typisch ist, ist die Fahrt mit kurzzeitiger Überlast. Limitierend für das Drehmoment, welches eine Synchronmaschine dauerhaft zu leisten vermag, ist die thermische Belastbarkeit. Hohe Drehmomente fordern hohe Ströme, was unter anderem durch den ohmschen Widerstand der Wicklungen zur Erwärmung führt. Gerade die isolierende Beschichtung der Wicklung, aber auch Richtlinien zum Brandschutz, begrenzen die zulässige Temperatur der Wicklungen und des Motorgehäuses. Es ist allerdings möglich, für kurze Zeit den Bereich des zulässigen Dauerstroms bei einer kalten Wicklung zu verlassen. Dabei wird die in Wärme umgewandelte Verlustleistung der Maschine nicht ausreichend an die Umgebung abgeführt und die Wicklungstemperatur steigt schnell an. Wichtig dabei ist, dass dieser hohe Strom nur solange gehalten wird, wie die Wicklungstemperatur noch zulässig ist. Der kurzzeitige Überlaststrom einer Servomaschine kann um ein Vielfaches höher liegen als der zulässige Dauerstrom. Das Bewegungsprofil von Servomotoren sieht oftmals kurze Beschleunigungs- und Belastungsphasen vor, um Stellbewegungen auszuführen. Darauf folgen Phasen, ohne oder nur mit geringer Belastung, während denen sich die Maschine abkühlen kann. Auf diese Weise kann man mit relativ kleinen Maschinen, welche nur ein geringes Dauerdrehmoment liefern, trotzdem die geforderten Maximalmomente kurzzeitig liefern. Es ist unökonomisch, das Dauerdrehmoment bei solchen Profilen nach dem nur kurzzeitig benötigten Maximalmoment zu richten, da damit wesentlich größere und teurere Maschinen benötigt werden.

Auch die leistungselektronischen Stellglieder unterliegen Begrenzungen bezüglich der Ströme, welche sie der Maschine maximal zur Verfügung stellen können. Wegen der geringen Wärmekapazität der schaltenden Halbleiter-Bauelemente und verschiedener physikalischer Effekte auf atomarer Ebene in den Halbleitern gibt es bei den Wechselrichtern eine geringe Möglichkeit der kurzzeitigen Überlastbarkeit. Der maximale Strom liegt nur geringfügig höher als der zulässige Dauerstrom. Bei der Abstimmung zwischen Stellglied und Maschine wird bei der Auslegung eines Servoantriebs aus Kostengründen folglich das Stellglied so konstruiert, dass sein maximaler Strom wenig höher ist, als der mögliche Überlaststrom der Maschine. Auf diese Weise kann die Maschine voll ausgefahren werden, während für das Stellglied eine Sicherheitsreserve verbleibt. Eine Überdimensionierung des Stellgliedes würde die Kosten des Antriebs erhöhen.

In den letzten Jahren hat sich unter den Synchronmaschinen der Servoantriebe neben der typischen verteilten Wicklung eine neue Art der Statorwicklung durchgesetzt, welche bislang fast ausschließlich in anderen Bereichen, wie Lüftermotoren, Generatoren und Großantrieben, zu finden war. Dieses neue Wickelschema ist die Einzelzahnwicklung oder auch konzentrierte Wicklung. Einer seiner Vorteile ist gerade bei hoher Polpaarzahl ein wesentlich kürzerer Wickelkopf, was zu einem kürzeren Bauraum und Kupfereinsparungen bei den Wicklungen und somit zu geringeren Rohstoffkosten führt. Ein weiterer Vorteil konzentrierter Wicklungen ist bei entsprechender Fertigung ein höherer Kupferfüllfaktor, da die Wicklungen nicht in das Blechpaket des Stators eingezogen werden müssen, sondern die Zähne erst einzeln bewickelt und anschließend zum Stator zusammengefügt werden können. Damit wird eine bessere Auslastung der Maschine möglich. Nachteilig bei dieser Art von Wicklung ist das verstärkte Auftreten von Oberwellen in den Flussverkettungen. Dieser Effekt kann wegen der Art der Fertigung nicht durch eine Schrägung der Statornuten entschärft werden. Es gibt verschiedene Bestrebungen, diese Oberwellen konstruktiv zu verringern. Unabhängig von diesen Maßnamen zeigen die einzelzahnbewickelten Maschinen im Gegensatz zu Maschinen mit vergleichbaren Bauarten und mit verteilten Wicklungen eine höhere Neigung zur lokalen magnetischen Sättigung im Überlastbereich. Diese Sättigung verzerrt das Luftspaltfeld, welches dann zu Oberwellen in den Flussverkettungen führt. Durch die Rotation der Maschine wirkt die räumlich verzerrte Feldkurve als zeitlicher Spannungsverlauf mit höheren Harmonischen. Wie im Laufe dieser Arbeit gezeigt werden wird, führen bei einer rotierenden Maschine die (räumlichen) Oberwellen in den

Flussverkettungen zu (zeitlichen) Oszillationen in den Maschinenströmen, welche nur unzureichend durch die bestehende Regelung beherrscht werden können.

1.1. Motivation und Zielsetzung

Im Überlastbetrieb permanentmagneterregter Synchron-Servomaschinen treten in den zu regelnden elektrischen Strömen Oszillationen auf. Bei vielen Maschinen sind die Amplituden dieser Schwingungen gering und sind deshalb nicht störend. In Maschinen, wie zum Beispiel in einigen mit Einzelzahnwicklung, können diese Stromoszillationen bei entsprechend hoher Überlastung Amplituden annehmen, welche die leistungselektronischen Stellglieder gefährden. Der Strombetrag kann durch diesen Effekt die knapp dimensionierte Reserve des Wechselrichters verlassen und die Bauelemente schädigen oder zu einer Sicherheitsabschaltung führen. Weiterhin führen diese Oszillationen, wie später gezeigt wird, zu zusätzlichen ohmschen Leistungsverlusten. Die heutigen Stromregler vermögen es nur unzureichend, die Oszillationen im Überlastbereich auszuregeln.

Ziel dieser Arbeit ist die Untersuchung der Ursache für die Oszillationen in den Maschinenströmen und die Entwicklung von regelungstechnischen Methoden zur Glättung der Ströme. Dafür soll ein Maschinenmodell entworfen werden, welches diese Ursachen abbildet und für die Simulation dynamischer Vorgänge als Prozessmodell im Zusammenwirken mit Regelungen geeignet ist. Regelverfahren, welche in der Simulation zu einer Glättung der Maschinenströme führen, werden an einem Versuchsstand mit einer realen Maschine getestet und können bei Erfolg zu Standardfunktionen in Regelgeräten weiterentwickelt werden.

1.2. Aufbau der Arbeit

Die vorliegende Arbeit gliedert sich in drei Teile:

Im ersten Teil (Kapitel 2) wird der Entwurf eines für die Verhaltenssimulation geeigneten Modells einer permanentmagneterregten Synchronmaschine mit Einzelzahnwicklung auf Basis eines magnetischen Widerstandsnetzwerkes durchgeführt. Über das Widerstandsnetzwerk können magnetische Sättigungseffekte in verschiedenen Bereichen der Maschine abgebildet werden. Durch eine entsprechende Wahl der Ansätze und einen speziell auf die Struktur des Netzwerks angepassten iterativen Lösungsalgorithmus kann das die Eigenschaften des Netzwerks beschreibende Gleichungssystem sehr schnell gelöst werden. Damit eignet es sich nicht nur als Grundlage zur Untersuchung stationärer Zusammenhänge (Abschnitt 2.5), sondern darüber hinaus als Prozessmodell bei der Verhaltenssimulation dynamischer Vorgänge in Kombination mit Regelschleifen. Dies ist der erste wissenschaftliche Beitrag dieser Arbeit.

Im zweiten Teil der Arbeit (Kapitel 3) wird ausgehend von den Simulationsergebnissen (Abschnitt 2.5) des Widerstandsnetzwerks das aus der Literatur [2–9] bekannte Grundwellenmodell einer Synchronmaschine in feldorientierten Koordinaten um einen Oberwellenansatz erweitert, welcher das Auftreten von sättigungsbedingten Stromoszillationen mit dem sechsfachen der elektrischen Maschinendrehzahl (sechste Harmonische) in der feldorientierten Regelung erklärt. Diese Erweiterung des Grundwellenmodells stellt den zweiten wissenschaftlichen Beitrag dieser Arbeit dar.

Im dritten Teil (Kapitel 4) werden ausgehend vom Oberwellenansatz zwei aufeinander aufbauende Stromregelungskonzepte entworfen. Beide Konzepte stellen im eigentlichen Sinne eine Erweiterung der bereits bekannten Stromregler dar. Der erste Entwurf enthält zwei zeitdiskrete Filter, welche eine nahezu vollständige Kompensation der sechsten Harmonischen in den Maschinenströmen im stationären Betrieb ermöglichen. Das zweite Konzept eliminiert durch Vorsteuerung wirkungsvoll die Stromoszillationen sowohl im stationären als auch im dynamischen Betrieb. Durch Simulations- und Messergebnisse wird die Funktion beider Regler belegt. Weiterhin wird gezeigt, dass die Glättung der Maschinenströme zu einer geringfügigen Verringerung der ohmschen Verlustleistung führt. Diese Stromregelungskonzepte stellen den dritten wissenschaftlichen Beitrag dieser Arbeit dar.

1.3. Stand der Technik

1.3.1. Modelle zur Simulation elektrischer Maschinen

In der Literatur werden verschiedene Ansätze genannt, um das elektrische und das mechanische Verhalten von Synchronmaschinen zu beschreiben. Der klassische und bekannteste Ansatz ist die Beschreibung durch ein Differenzialgleichungssystem für das elektrische Verhalten und eine algebraische Gleichung zur Berechnung des Drehmoments. Dieses Modell, wie es in [2–9] hergeleitet und beschrieben wird, kann direkt zum Reglerentwurf (siehe Abschnitt 1.3.2) verwendet werden. Es enthält einige Vereinfachungen bezüglich magnetischer Linearität des Maschinenmaterials und Sinusförmigkeit des Luftspaltfeldes. In [15] wird zusätzlich zum Grundwellenmodell der Einfluss von höheren Harmonischen im Luftspaltfeld berücksichtigt. Da in diesem Modell jedoch keine magnetische Sättigung abgebildet wird, sind die Amplituden und Phasenlagen der Harmonischen nicht stromabhängig.

Eine weitere Möglichkeit zur Beschreibung elektromechanischer Energiewandler stellt die Finite-Element-Methode (FEM) dar. Bei der FEM müssen die geometrischen und materialspezifischen Daten der Maschine möglichst genau vorliegen. Die FEM wird häufig zur Dimensionierung und Geometrieoptimierung elektrischer Maschinen verwendet. Da es sich um eine Struktursimulation beziehungsweise geometrieorientierte Simulation handelt, ist die FEM nicht für die schnelle Verhaltenssimulation dynamischer Vorgänge geeignet. Eine Simulatorkopplung zwischen FE-Tools und Programmen zur Verhaltenssimulation wie Scilab oder MATLAB/SIMULINK ist äußerst aufwendig.

Als vereinfachte Methode zur FEM wird in der Fachwelt [1,22,23,41] häufig auf magnetische Netzwerke beziehungsweise auf Reluktanznetzwerke hingewiesen. Im Gegensatz zur FEM lassen sich in Reluktanznetzwerken nichtlineare magnetische Materialeigenschaften und Oberwellen im Luftspaltfeld nur vereinfacht abbilden. In diesen Netzwerken können geometrische oder materialspezifische Eigenschaften der Maschinen variiert und dadurch Geometrieoptimierungen durchgeführt werden. Weiterhin lassen sich die Netzwerkgleichungen schnell iterativ lösen. Diese Netzwerke werden in der Literatur wie die FEM zur Struktursimulation und nicht zur Verhaltenssimulation verwendet.

1.3.2. Modelle elektrischer Maschinen für den Entwurf von Regelungen

In den Standardwerken der elektrischen Antriebstechnik [2–9] wird als Grundlage für die feldorientierte Regelung von Drehfeldmaschinen das bekannte Differenzialgleichungssystem des Grundwellenmodells verwendet. In diesem Modell werden folgende Annahmen getroffen:

1. Die magnetische Flussdichte im Luftspalt der unbestromten Maschine muss über eine elektrische Umdrehung sinusförmig sein (Grundwellenmodell).

2. An jedem Ort in der Maschine muss die magnetische Feldstärke proportional zur magnetischen Flussdichte sein (Linearität).

3. Es fließen keine Wirbelströme.

4. Die Maschine verhält sich als symmetrischer Drehstromverbraucher.

Sind diese Bedingungen erfüllt, gilt:

1. Die durch die Drehung des Rotors induzierte Spannung ist rein sinusförmig und in ihrer Amplitude proportional zur Drehzahl.

2. Die Induktivitäten sind konstant.

3. Das Drehmoment der Maschine ist proportional zum Querstrom im feldorientierten Koordinatensystem.

4. Die durch die Drehung des Rotors induzierte Spannung stellt im feldorientierten Koordinatensystem eine Gleichspannung dar, die in ihrer Höhe proportional zur Drehzahl ist.

Gewisse Abweichungen von den oben genannten Bedingungen werden beispielsweise bei der Berücksichtigung von Drehmomentwelligkeit in [24] durch Störgrößenansätze abgebildet.

1.3.3. Regelung der Ströme elektrischer Maschinen und Störgrößenkompensation

Die Regelung der Ströme in Synchronmaschinen kann zum einen direkt im statorfesten Koordinatensystem erfolgen. Die Regelgrößen in diesen Koordinaten sind die Phasenströme. Als Regler werden in [2] sowohl nichtlineare Verfahren wie die Zweipunktregelung (logisch oder prädikativ) und die Dreipunktregelung als auch lineare PI-Regelverfahren erwähnt. Nachteilig an allen Verfahren in statorfesten Koordinaten ist der Geschwindigkeitsfehler. Für weiterführende Erklärungen sei auf [2] verwiesen.

Synchronmaschinen werden in der Servotechnik in den meisten Fällen im feldorientierten Koordinatensystem geregelt. Diese Art der Regelung sowie die entsprechenden Transformationen werden in nahezu allen Werken über elektrische Antriebstechnik beschrieben, [2–9]. Als Regelgrößen ergeben sich zwei miteinander drehzahlabhängig gekoppelte Ströme (Längsstrom und Querstrom). Zur Regelung kann ein Mehrgrößenregler [2] verwendet werden. Dabei wird die Kopplung zwischen Längs- und Querzweig schon beim Reglerentwurf berücksichtigt.

Im Gegensatz zur Mehrgrößenregelung kann die feldorientierte Stromregelung auch durch zwei unabhängige Stromregler für Längs- und für Querstrom realisiert werden. Diese Regler sind fast ausschließlich PI-Regler, welche nach verschiedenen Methoden wie dem Betragsoptimum, dem symmetrischen Optimum oder der endlichen Einstellzeit parametriert werden können. Weiterhin werden sogenannte Entkopplungsnetzwerke beziehungsweise Vorsteuerungen eingesetzt, welche die vom Rotor induzierte drehzahlabhängige Spannung (Elektromotorische Kraft beziehungsweise EMK) und die drehzahlabhängige Kopplung zwischen den Regelkreisen der Längs- und der Querachse kompensieren. Die in [16] vorgestellte Regelung durch exakte Linearisierung nimmt neben der Entkopplung noch eine Kompensation des ohmschen Spannungsabfalls vor, wodurch eine rein integrierende Strecke entsteht, welche nur noch durch einen P-Regler geregelt wird.

Eine weitere Möglichkeit der feldorientierten Stromregelung neben den PI-Reglern stellt die nichtlineare Regelung dar. Ähnlich wie in statorfesten Koordinaten kann sie als Zweipunkt- oder Dreipunktregelung ausgeführt werden [2].

Unabhängig von der Regelung von Servomotoren gibt es aus unterschiedlichen Disziplinen verschiedene Ansätze zur Kompensation oder Ausregelung periodischer Störgrößen. In [32] werden Störgrößen beliebiger Form mit zeitlicher Periodizität durch das zyklische Aufschalten bereits vergangener Stellgrößen kompensiert. Dabei ist die Anzahl der in der Störgröße enthaltenen Frequenzen nahezu beliebig. Nachteilig an dieser Regelung ist die Notwendigkeit einer gewissen Einschwingphase und einer Konstanz der Periodizität. In [29] werden durch den Verbrennungsmotor eines Kraftfahrzeuges angeregte mechanische Karosserieschwingungen durch einen Störgrößenbeobachter gedämpft. Hier kann nur genau eine Frequenz kompensiert werden. Wegen der Veränderlichkeit der Motordrehzahl und der damit verbundenen Anregefrequenz muss der Störgrößenbeobachter in seinen Eigenwerten nachgeführt werden. Die Ausführungen zu diesem Beobachter basieren auf Ansätzen, welche in [30] und [39] erwähnt werden. Diese Methode wird gelegentlich auch als Johnson-Störbeobachter bezeichnet.

In [45] werden Harmonische im elektrischen Netz durch ein aktives Filter identifiziert und anschließend durch eine Vorsteuerung kompensiert. Aufgrund der Konstanz der Netzfrequenz besitzen auch die Störgrößen beziehungsweise die Harmonischen eine konstante Frequenz. Sowohl die Frequenzidentifikation als auch die Vorsteuerung müssen weder in ihrer Frequenz, noch durch Kennfelder nachgeführt werden.

In weiteren Veröffentlichungen bezüglich der Regelung elektrischer Maschinen wie beispielsweise in [24–28, 31] werden zumeist vorsteuernde Verfahren vorgestellt, welche zur Glättung von Drehmomentwelligkeiten oder winkel- und/oder zeitperiodischen Störmomenten verwendet werden. Bis auf das Verfahren nach [28] werden dabei immer additive Sollströme für den Eingang des Stromreglers generiert. In [28] wird zur Drehmomentglättung weiterhin das Aufschalten von Kompensationsspannungen erwähnt.

2. Maschinenmodell auf Basis eines magnetischen Widerstandsnetzwerkes

2.1. Einleitung

In diesem Kapitel wird der Aufbau des Simulationsmodells einer permanentmagneterregten Synchronmaschine mit Einzelzahnwicklung beschrieben. Das in der Literatur am häufigsten verwendete Modell zur Beschreibung des Verhaltens von Synchronmaschinen ist ein Differenzialgleichungssystem für das elektrische Verhalten und eine algebraische Gleichung zur Berechnung des Drehmoments. Dieses Modell, wie es in [7–9] hergeleitet und beschrieben wird, setzt unter anderem konstante Wicklungswiderstände, konstante Induktivitäten (keine magnetische Sättigung), ein sinusförmiges Luftspaltfeld im stromlosen Zustand und keine Wirbelströme voraus. Die Art der Wicklung (Einzelzahnwicklung oder verteilte Wicklung, Innenläufer oder Außenläufer) spielt dabei keine Rolle. Das unter anderem als Grundwellenmodell bezeichnete System wird häufig zur Reglerparametrierung, Entkopplung in feldorientierten Koordinaten und zur Simulation einfacher Zusammenhänge verwendet. Der Zusammenhang zwischen der elektrischen Maschine und der Mechanik erfolgt über einen algebraischen Zusammenhang zwischen Motorströmen und Drehmoment. Dieser Zusammenhang leitet sich aus einer Leistungsbilanz des elektrischen Grundwellenmodells ab. In Kapitel 4 wird das Grundwellenmodell beschrieben.

Die Finite-Element-Methode (FEM) bietet als weitere Modellierungsmethode ein weites Feld an Möglichkeiten zur Darstellung verschiedener elektromagnetischer Effekte in permanentmagneterregten Synchronmaschinen. Mit neueren sogenannten Multi-Physics-Tools lassen sich sogar elektromechanische Vorgänge abbilden. Bei der FEM müssen die geometrischen und materialspezifischen Daten der Maschine vorliegen. Die Art der Wicklung und die Läuferart wird somit in einem FEM Modell über die Geometrie abgebildet. Damit kann der Einfluss des Materials und der Abmessungen auf die Maschineneigenschaften untersucht werden. Die FEM ist dadurch zur Dimensionierung und Geometrieoptimierung elektrischer Maschinen besonders geeignet. Nachteilig bei der Simulation aller FEM Modelle ist der extrem hohe Rechen- und Zeitaufwand. Da es sich um eine Struktursimulation beziehungsweise geometrieorientierte Simulation handelt, welche grundsätzlich nur ein statisches oder ein stationäres Problem über partielle Differenzialgleichungen beschreibt, muss die zeitliche Abhängigkeit der Zustände durch Variation dieser Zustände und erneutes Lösen der Gleichungssysteme erbracht werden. Für jede Rotorposition müssen je nach Anforderung eine sehr große Anzahl von Gleichungen gelöst werden. Weiterhin müssen in jedem Simulationsschritt die Rotorposition und die Statorströme variiert werden, um die differenziellen zeitbezogenen Größen wie Induktivitäten und induzierte Spannungen zu berechnen. Aus diesem Grund ist die FEM nicht für die schnelle Simulation dynamischer Vorgänge wie dem Reversieren von Servomotoren geeignet. Eine Simulatorkopplung zwischen FE-Tools und Verhaltenssimulatoren ist äußerst aufwendig, wird aber trotzdem durchgeführt [34]. Über den Maxwellschen Spannungstensor kann das wirksame Drehmoment an den Grenzflächen des Rotors und der Magnete berechnet werden. Dadurch werden unter anderem die Momentenwelligkeit und die sättigungsbedingte Nichtproportionalität des Drehmoments abgebildet.

Die in der vorliegenden Arbeit verwendete Methode zur Modellierung einer einzelzahnbewickelten Synchronmaschine ist das magnetische Netzwerk. Damit wird ein Kompromiss zwischen den beiden oben genannten Methoden geschlossen. Magnetische Netzwerke bedienen sich einer Analogiebeziehung zwischen Gesetzen für elektrische Ströme (Ohmsches Gesetz und Kirchhoffsche Regeln) und den Gesetzen für magnetische Flüsse (Durchflutungsgesetz und Gesetz der Quellenfreiheit des Magnetfeldes), welche Teil des Maxwellschen Gleichungssatzes sind. Die Beschreibung erfolgt nicht durch partiellen Differenzialgleichungen, sondern es wird der Zusammenhang zwischen magnetischen Flüssen und Durchflutungen algebraisch abgebildet. Auch Nichtlinearitäten in der Drehmomentbildung werden über Energie- beziehungsweise Co-Energieansätze berücksichtigt. Diese Netzwerke werden in der Literatur [1, 20, 22, 23, 41] häufig genutzt, um den Verlauf magnetischer Flüsse und die sich daraus ergebenden Kraftwirkungen abzuschätzen und auszulegen. Der entscheidende Vorteil an der Modellierung über ein magnetisches Netzwerk ist, dass sich Effekte wie magnetische Sättigung und Oberwellen im Luftspaltfeld qualitativ gut abbilden lassen und sich das Netzwerk durch ein geschicktes Aufstellen der Netzwerkgleichungen mit wenigen Iterationen sehr schnell numerisch lösen lässt. Es eignet sich somit durchaus für Verhaltenssimulationen, auch wenn in der Literatur solch eine Anwendung keine Erwähnung findet. Mit dem Modell lassen sich beliebige Strom- und Rotorlageszenarien simulieren. Es gibt keine Einschränkung bezüglich der Feldschwächung.

Das in den folgenden Abschnitten dargestellte Modell ist dahingehend neu, dass es ein magnetisches Netzwerk sehr effizient in eine dynamische Simulation (Verhaltenssimulation) integriert. Damit unterscheidet es sich von den in [1, 22, 23] dargestellten Modellen, welche nur für die Simulation statischer Vorgänge verwendet werden. Da für die Systembeschreibung als Verhaltensmodell sowohl gewöhnliche Differenzialgleichungen (ordinary differential equation (ODE)) als auch algebraische Gleichungen benötigt werden, handelt es sich um ein differenzial-algebraisches Gleichungssystem (differential algebraic equation (DAE)). Weil im hier vorgestellten Modell analytische Ansätze (Polynome) für die magnetischen Widerstände verwendet werden, entstehen algebraische Netzwerkgleichungen, welche sich analytisch nach den Unbekannten des Gleichungssystems zu Jakobimatrizen ableiten lassen. Über ein eigens in Matlab implementiertes Newtonverfahren lassen sich die Netzwerkgleichungen mit wenigen Iterationen lösen. So entsteht ein Maschinenmodell, welches direkt in MAT-LAB/SIMULINK schnell rechenbar ist und trotzdem die lokale magnetische Sättigung sowie die Oberwellen im Luftspaltfeld qualitativ gut abbildet. Das zeitliche Verhalten kann dabei in einem separaten Teilmodell simuliert werden. Das Modell ist prinzipiell auch auf andere Verhaltenssimulatoren wie Scilab portierbar. MATLAB/SIMULINK wurde für diese Arbeit als Verhaltenssimulator gewählt, da hier bereits eine umfangreiche produktspezifische Bibliothek für Regler vorhanden ist.

Anfangs werden die Ziele der Modellierung und die dem Modell zu Grunde liegenden Annahmen erläutert. Weiterhin wird das DAE-Modell so strukturiert, dass ein dynamisches Teilmodell (Verhaltensmodell) und ein statisches (algebraisches) Teilmodell vorliegen. Das dynamische Teilsystem enthält alle Vorgänge in der Maschine, die über gewöhnliche Differenzialgleichungen zusammenhängen. Das statische Teilmodell bildet sowohl die algebraischen Zusammenhänge zwischen magnetischen Flüssen (Flussverkettungen) und magnetischen Durchflutungen (Spulenströmen und Permanentmagnete) als auch die partielle Ableitung nach dem Rotorwinkel zur Berechnung des Drehmoments ab. Durch diese Strukturierung ist ein beliebiger ODE-Solver in der Lage, das dynamische Teilmodell zu rechnen, während der algebraische Teil durch ein separates Newtonverfahren gelöst werden kann. Für die Berechnung des Drehmoments wird sich der magnetischen Co-Energie bedient. Es wird beschrieben, wie aus der Geometrie einer Maschine ein magnetisches Widerstandsnetzwerk abgeleitet und parametriert werden kann. Damit besteht bei diesem Modell die Möglichkeit, einfache Geometrievariationen einer Maschine durchzuführen und die Auswirkungen auf das geregelte Gesamtsystem unmittelbar zu simulieren. Es wird gezeigt, wie aus dem Netzwerk analog zu den elektrischen Netzwerken ein Gleichungssystem aufgestellt wird, welches durch Bilden von Jakobimatrizen mit dem Newtonverfahren lösbar ist.

Im letzten Abschnitt des Kapitels werden die Simulationsergebnisse des Modells präsentiert.

2.2. Ziel der Modellierung

Die bei hohen Strömen im Überlastbereich auftretende magnetische Sättigung in elektrischen Maschinen führt zu verschiedenen ungewollten Effekten, die regelungstechnisch beherrscht werden müssen. Zur Untersuchung der Regelbarkeit elektrischer Maschinen unter Berücksichtigung starker magnetischer Sättigung ist es hilfreich, ein dynamisches Maschinenmodell zu ermitteln, welches die Sättigung und die daraus folgenden relevanten Nebeneffekte qualitativ abbildet.

Das in den folgenden Abschnitten beschriebene Modell einer permanentmagneterregten Synchronmaschine mit Einzelzahnwicklung dient zweierlei Zwecken:

1. als qualitative Grundlage für die Erweiterung des bekannten Grundwellenmodells (siehe Abschnitt 3.3) durch einen Störgrößenansatz für den Entwurf neuer oder erweiterter Regelstrategien und

2. als Prozessmodell zur simulativen Erprobung der verbesserten Regler unter verschiedenen Randbedingungen in der Verhaltenssimulation.

Das Modell muss das allgemeine Systemverhalten der Maschine abbilden. Dabei ist die lokale magnetische Sättigung einzelner Maschinenbereiche ein wichtiger Effekt, welcher qualitativ berücksichtigt werden soll. Weiterhin wird der Oberwellengehalt des Luftspaltfeldes der unbestromten Maschine und sein Einfluss auf den gesamten Betriebsbereich modelliert.

Das Modell dient nicht zur quantitativen Vorhersage von Parametern und Kennfeldern für reale Maschinen. Reglerstrukturen, die anhand des Maschinenmodells entworfen und eingestellt werden, müssen für reale Maschinen neu parametriert werden.

2.3. Annahmen

Effekte, welche in diesem Modell unberücksichtigt bleiben, sind Wirbelströme, Hysteresen bei der Ummagnetisierung des Eisens sowie die thermischen Abhängigkeiten der elektrischen Widerstände und der magnetischen Eigenschaften der Permanentmagnete.

Die ohmschen Eigenschaften der Maschine werden als symmetrisch betrachtet (identische ohmsche Widerstände in allen Phasen). Das Verhalten, die Geometrie und die Parameter aller Elementarabschnitte (Polpaare) der Maschine sind gleich. Damit kann durch die Modellierung einer Elementarmaschine ($z_p = 1$) auf die Gesamtmaschine ($z_p \geq 1$) geschlossen werden.

Es wird weiterhin davon ausgegangen, dass die Permeabilität der Magnete identisch zur Permeabilität von Luft (Vakuum) ist. Für die geometrischen Abmessungen sowie die magnetischen Eigenschaften der Blechpakete und der Magnete werden Daten des Motors MSK050C der Firma Bosch Rexroth zu Grunde gelegt. Stator und Rotor der Maschine werden als hinreichend lang betrachtet, so dass die magnetischen Vorgänge an den beiden Stirnseiten (A-Seite und B-Seite) vernachlässigt werden können.

Die zeitlichen Vorgänge in dem Modell im Vergleich zu den geometrischen Abmessungen der Maschine und der Ausbreitungsgeschwindigkeit elektromagnetischer Felder legen weiterhin die Annahme nahe, dass die sich einstellenden magnetischen Flüsse unmittelbar auftreten und sich nicht erst räumlich ausbreiten müssen.

2.4. Modellstruktur

Das hier entwickelte Modell einer einzelzahnbewickelten permanentmagneterregten Synchronmaschine besteht aus einem differenzial-algebraischen Gleichungssystem (DAE), welches in zwei Teilmodelle unterteilt werden kann. Das erste Untermodell beschreibt die Dynamik des Systems. Es setzt sich aus drei gewöhnlichen Differenzialgleichungen (ODE) zusammen. Unter der Annahme, dass die Summe der Strangspannungen und der Strangströme null ist, ergeben sich zwei Differenzialgleichungen für das elektrische Teilsystem und eine Differenzialgleichung für das mechanische Teilsystem.

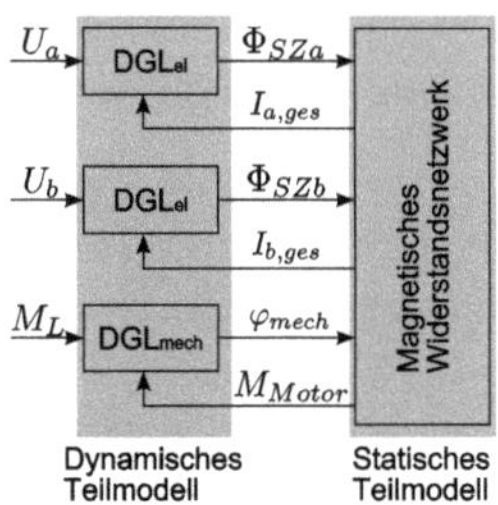

Abbildung 2.1.: Struktur des Maschinenmodells

Die Modelleingänge sind die Strangspannungen U_a und U_b der Maschine sowie ein Lastmoment M_L an der Motorwelle. Zwischen dem dynamischen und dem statischen

Teilmodell werden die magnetischen Flüsse in den Statorzähnen der Maschine (Statorzahnflüsse) Φ_{SZa} und Φ_{SZb}, der mechanische Winkel φ_{mech}, die Maschinenströme $I_{a,ges}$ und $I_{b,ges}$ sowie das Motormoment M_{Motor} als Signale ausgetauscht.

Innerhalb des dynamischen Teilmodells sind die einzelnen Differenzialgleichungen unabhängig voneinander. Die Kopplung zwischen den Differenzialgleichungen erfolgt über die magnetischen Flüsse innerhalb der Maschine, welche als algebraische Zusammenhänge vom statischen Teilmodell bereitgestellt werden.

Das statische Teilmodell beschreibt die algebraischen Zusammenhänge zwischen magnetischen Flüssen, den sich einstellenden Strangströmen des Stators und dem Drehmoment der Maschine. Abbildung 2.1 illustriert die Struktur des Maschinenmodells mit den zwei Teilmodellen. In den folgenden Kapiteln wird beschrieben, was sich hinter den Teilmodellen verbirgt.

Betrachtet man den Simulationsablauf des Gesamtmodells zu einem Simulationszeitpunkt τ, lassen sich die Vorgänge wie folgt erklären:

1. Die Strangspannungen $U_a(\tau)$, $U_b(\tau)$ und das Lastmoment $M_L(\tau)$ zum Zeitpunkt τ werden von außen als Modelleingänge bereitgestellt.

2. Die modellinternen Signale $I_a(\tau)$, $I_b(\tau)$ (Ströme) und $M_{Motor}(\tau)$ (Motormoment) liegen bereits aus dem letzten Simulationsschritt vor.

3. Aus Strömen und Spannungen beziehungsweise aus den Momenten berechnet der Solver des Simulationsprogramms (in diesem Fall MATLAB/SIMULINK) durch Integration die Flussverkettungen $\Psi_a(\tau)$ und $\Psi_b(\tau)$ der Statorspulen und den Rotorlagewinkel φ_{mech} anhand von Differenzialgleichungen (siehe Abschnitt 2.4.1).

4. Aus den Flussverkettungen der einzelnen Statorspulen werden über die Windungszahl w die magnetischen Flüsse $\Phi_{SZa}(\tau)$ und $\Phi_{SZb}(\tau)$ in den bewickelten Statorzähnen der Maschine berechnet.

5. Die Flüsse und der Rotorlagewinkel werden an das statische Teilmodell übergeben. Dort werden über ein Newtonverfahren und über eine Variation der Rotorlage (siehe Abschnitt 2.4.2) die Ströme $I_a(\tau+1)$, $I_b(\tau+1)$ und das Motormoment $M_{Motor}(\tau+1)$ für den nächsten Simulationsschritt berechnet.

6. Der Vorgang für den Zeitschritt $\tau+1$ beginnt wieder bei Schritt 1.

2.4.1. Dynamisches Teilmodell

Die Dynamik des Maschinenmodells einer einzelzahnbewickelten dreiphasigen Synchronmaschine kann für den allgemeinen nichtlinearen Fall wie folgt beschrieben werden:

$$\frac{d\Psi_a}{dt} = U_a - R_a \cdot I_{a,ges} \tag{2.1}$$

$$\frac{d\Psi_b}{dt} = U_b - R_b \cdot I_{b,ges} \tag{2.2}$$

$$\frac{d\Psi_c}{dt} = U_c - R_c \cdot I_{c,ges} \tag{2.3}$$

$$\frac{d\omega_{mech}}{dt} = \frac{M_{Motor} + M_L}{J_{Motor}} \tag{2.4}$$

$$\frac{d\varphi_{mech}}{dt} = \omega_{mech} \tag{2.5}$$

Dabei bilden die Gleichungen (2.1) bis (2.3) das elektrische Verhalten eines allgemeinen induktiv-ohmschen dreiphasigen Drehstromverbrauchers ab [7, Gleichung 6.3]. Subtrahiert man den ohmschen Spannungsabfall $R_y \cdot I_{y,ges}$ von der Strangspannung U_y, so erhält man die Änderung der Flussverkettung Ψ_y mit $y = a, b, c$. Dieser Zusammenhang kann auch direkt aus dem Induktionsgesetz abgeleitet werden und setzt noch keinerlei Annahmen bezüglich magnetischer Sättigung oder Ähnlichem voraus [42]. Die Ströme tragen den Index „ges", da es sich hier um die resultierenden Phasenströme handelt. In späteren Kapiteln werden Phasenströme ohne diesen Index verwendet. Dabei handelt es sich um die Ströme in einer Elementarmaschine (Polpaarzahl $z_p = 1$). Die Indizes „a", „b" und „c" beziehen sich auf die drei Phasen der Maschine und korrespondieren durch die Einzelzahnwicklung auch mit den Zähnen des Maschinenstators.

Da die Motorphasen sternverschaltet sind und der Sternpunkt der Maschine nicht angeschlossen ist, muss die Summe der Motorströme null ergeben. Wie noch im Kapitel 3 (Abbildung 3.1(b) und Gleichung (3.5)) gezeigt werden wird, ergibt wegen der Geometrie des Statorquerschnitts der Maschine auch die Summe der Statorzahnflüsse und somit (bei gleicher Windungszahl auf allen Statorzähnen) die Summe der Flussverkettungen null.

Die Gleichungen (2.1), (2.2), (2.3) sind also durch die folgenden Zwangsbedingungen voneinander abhängig [41] (w ist die Windungszahl der Statorspulen und nicht mit der

Winkelgeschwindigkeit ω zu verwechseln):

$$\Psi_c = -\Psi_a - \Psi_b \tag{2.6}$$

$$\Rightarrow \frac{\mathrm{d}\Psi_c}{\mathrm{d}t} = -\frac{\mathrm{d}\Psi_a}{\mathrm{d}t} - \frac{\mathrm{d}\Psi_b}{\mathrm{d}t}$$

$$I_{c,ges} = -I_{a,ges} - I_{b,ges} \tag{2.7}$$

mit

$$\Psi_a = w \cdot \Phi_{SZa} \tag{2.8}$$

$$\Psi_b = w \cdot \Phi_{SZb} \tag{2.9}$$

$$\Psi_c = w \cdot \Phi_{SZc} \tag{2.10}$$

Dabei repräsentiert die Größe Φ_{SZy} den magnetischen Fluss durch den jeweiligen w mal bewickelten Statorzahn y. Durch die Zwangsbedingungen (2.6) bis (2.9) lässt sich eine der Differenzialgleichungen (2.1) bis (2.4) eliminieren:

$$w\frac{\mathrm{d}\Phi_{SZa}}{\mathrm{d}t} = U_a - R_a \cdot I_{a,ges} \tag{2.11}$$

$$w\frac{\mathrm{d}\Phi_{SZb}}{\mathrm{d}t} = U_b - R_b \cdot I_{b,ges} \tag{2.12}$$

$$\frac{\mathrm{d}\omega_{mech}}{\mathrm{d}t} = \frac{M_{Motor} + M_L}{J_{Motor}} \tag{2.13}$$

$$\frac{\mathrm{d}\varphi_{mech}}{\mathrm{d}t} = \omega_{mech} \tag{2.14}$$

Die Abbildung 2.2 zeigt die Wirkungspläne der Differenzialgleichungen.

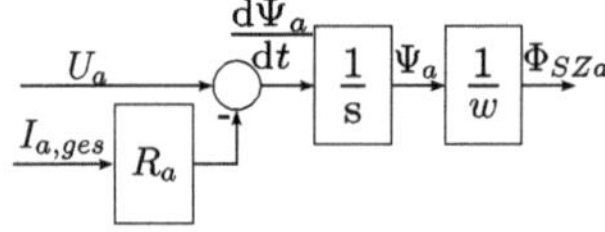

(a) Wirkungsplan: elektrische Differenzialgleichung

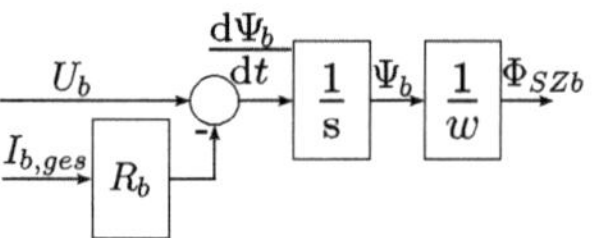

(b) Wirkungsplan: elektrische Differenzialgleichung

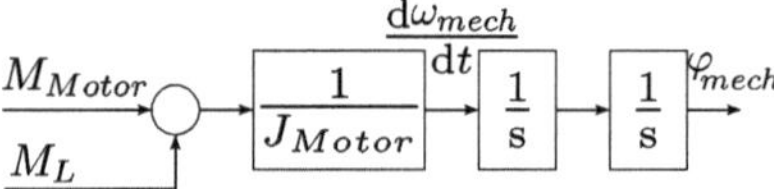

(c) Wirkungsplan: mechanische Differenzialgleichung

Abbildung 2.2.: Wirkungspläne der elektrischen und mechanischen Differenzialgleichungen

2.4.2. Statisches Teilmodell

Im statischen Teilmodell werden die algebraischen Zusammenhänge zwischen den Flüssen Φ_{SZa} und Φ_{SZa} in den bewickelten Statorzähnen, der Rotorlage φ_{mech}, den Spulenströmen I_a, I_b und dem Drehmoment M_{Motor} abgebildet:

$$\begin{pmatrix} I_a & I_b & M_{Motor} \end{pmatrix}^T = \underline{f}(\Phi_{SZa}, \Phi_{SZb}, \varphi_{mech}) \tag{2.15}$$

Das statische Teilmodell bezieht sich ausschließlich auf die Vorgänge in einer Elementarmaschine mit der Polpaarzahl $z_p = 1$. Deswegen tragen die Ströme in diesem Kapitel nicht den Index „ges", wie es bei der Beschreibung des dynamischen Teilmodells der Fall ist. Um von der Elementarmaschine auf die gesamte Maschine zu schließen, müssen die berechneten Ströme und die Co-Energie des Systems mit der Polpaarzahl multipliziert werden[1]. In den folgenden Erläuterungen wird auf diesen Zusammenhang noch genauer eingegangen.

Grundlage für das statische Teilmodell ist ein magnetisches Widerstandsnetzwerk (Reluktanznetzwerk), welches aus der Geometrie und den Materialeigenschaften der Maschine gebildet wird und die Verteilung der magnetischen Flüsse beschreibt. Aus dem Netzwerk wird das Gleichungssystem abgeleitet, welches die algebraischen Zusammenhänge (Gleichung (2.15)) beschreibt. Das Aufstellen des magnetischen Netzwerks und die Ableitung des Gleichungssystems wird in den folgenden Abschnitten erläutert.

Zu jedem Simulationszeitschritt wird das statische Teilmodell einmal gerechnet, um mit den aus dem dynamischen System bereitgestellten Statorzahnflüssen und der Rotorlage die Phasenströme und das Motormoment für den nächsten Simulationszeitschritt zu ermitteln. Um diese Funktion zu implementieren, müssen zu jedem Simulationszeitschritt mehrere Unterfunktionen realisiert werden, die in einer festgelegten Abarbeitungsreihenfolge Signale miteinander austauschen. Zuerst werden für die aktuelle Rotorlage φ_{mech} sowie für eine kleine Rotorlageänderung δ (Variation des Zustands zur Differenzierung nach der Rotorlage) die magnetischen Durchflutungen $\Theta_{Ra,b,c}$ durch die Permanentmagnete unter den einzelnen Statorzähnen berechnet (Abbildung 2.3, Block 1a und 1b). Damit wird der Einfluss der Rotorlage auf die Flusspfade der Maschine berücksichtigt.

Aus den Rotordurchflutungen der Rotorlage $\Theta_{Ra,b,c}(\varphi_{mech})$ und den Statorzahnflüssen Φ_{SZa}, Φ_{SZb} (aus dem dynamischen Teilmodell) werden über eine iterative Lösung von magnetischen Netzwerkgleichungen die Statorströme I_a, I_b und die magnetische Co-Energie $W'(\varphi_{mech})$ berechnet (Abbildung 2.3, Block 2). Die Lösung der Netzwerkglei-

---

[1]Dies ist hier der Fall, da die Wicklungen der einzelnen Elementarmaschinen parallelgeschaltet sind.

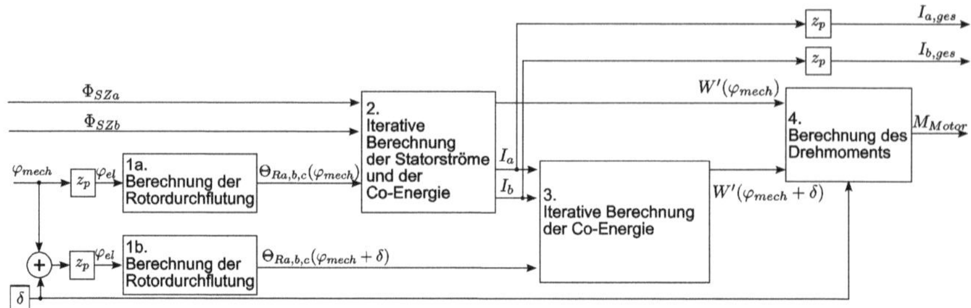

Abbildung 2.3.: Wirkungsplan des statischen Teilmodells

chung liefert die eindeutige Verteilung von magnetischen Flüssen in der Maschine. Daraus lassen sich die Statorströme bestimmen, die für genau diese Flussverteilung benötigt werden. Die Co-Energie berechnet sich aus der Summe der Co-Energien in den einzelnen Flusspfaden. Die Ströme werden mit der Polpaarzahl der Maschine multipliziert und an das dynamische Teilmodell zurückgeliefert.

Aus den Rotordurchflutungen der veränderten Rotorlage $\Theta_{Ra,b,c}(\varphi_{mech} + \delta)$ und den berechneten Statorströmen wird erneut die Flussverteilung für die veränderte Rotorlage iterativ bestimmt und die Co-Energie $W'(\varphi_{mech} + \delta)$ berechnet (Abbildung 2.3, Block 3). Mit der Co-Energieänderung kann anschließend das Drehmoment ermittelt werden (Abbildung 2.3, Block 4).

Abbildung 2.3 stellt einen Wirkungsplan des statischen Teilmodells dar. Im Programmablaufplan 2.4 des Gesamtmodells wird die Reihenfolge der abzuarbeitenden Schritte während eines Simulationszeitschrittes deutlich. Die Nummerierung der Schritte beziehungsweise der Schrittgruppen korrespondiert mit der Nummerierung des Wirkungsplans. In den folgenden Abschnitten wird genauer auf die einzelnen Unterfunktionen eingegangen. Weiterhin beschäftigen sich einige der folgenden Abschnitte mit mathematischen und physikalischen Sachverhalten, auf denen die Unterfunktionen beruhen. Diese Sachverhalte müssen bei der Modellierung berücksichtigt werden.

2.4.2.1. Das magnetische Widerstandsnetzwerk

Um den Effekt der magnetischen Sättigung in elektromagnetischen Systemen abzubilden, werden Modelle häufig als so genannte magnetische Widerstandsnetzwerke aufgebaut [1, 22, 23, 41]. Die Sättigungskennlinie des durchflossenen Materials sowie die Geometrie des magnetisierten Volumenabschnittes werden dabei in einem konzentrierten Bauelement Λ (magnetischer Widerstand) mit nichtlinearen Eigenschaften zu-

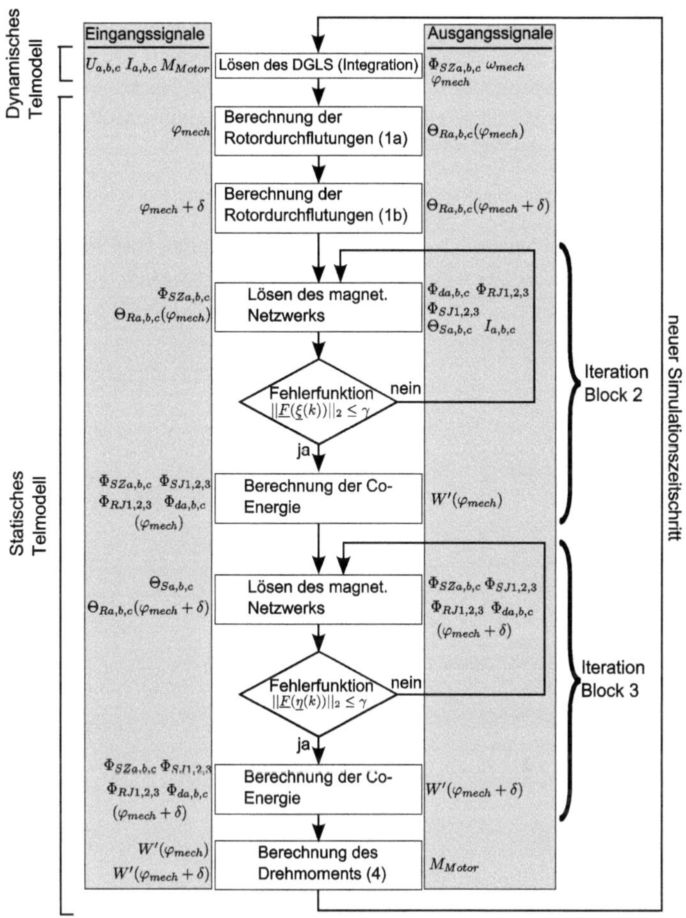

Abbildung 2.4.: Programmablaufplan des Modells

sammengefasst[2]. Der Fluss Φ durch ein solches konzentriertes Bauelement geht entsprechend der Widerstandskennlinie mit einem magnetischen Spannungsabfall V_{mag} einher.

---

[2]Für die Bezeichnung magnetischer Widerstände wurde bewusst das Λ gewählt, um Verwechselungen mit den elektrischen Widerständen R auszuschließen.

Das magnetische Widerstandsnetzwerk kann analog zu einem elektrischen Widerstandsnetzwerk über die Kirchhoffschen Sätze [40] analysiert werden. Dabei gelten die Analogien entsprechend Tabelle 2.1. Durch ein magnetisches Netzwerk werden nur statische Zusammenhänge beschrieben. Elektromagnetische Wellenausbreitung und Wirbelströme werden nicht abgebildet.

Tabelle 2.1.: Analogie zwischen elektrischem Netzwerk und magnetischem Netzwerk

Elektrisches Netzwerk	**Magnetisches Netzwerk**
Elektrischer Widerstand R in Ω	Magnetischer Widerstand Λ in $\frac{\text{A}}{\text{Vs}}$
Elektrischer Strom I in A	Magnetischer Fluss Φ in Vs
Elektrische Spannung U in V	Durchflutung Θ in A magn. Spannungsabfall V_{mag} in A
1. Kirchhoffsche Satz: $\sum I = 0$ (Knotenpunktsatz)	Maxwell $\operatorname{div}\underline{B} = 0$ $\Rightarrow \sum \Phi = 0$
2. Kirchhoffsche Satz: $\sum U = \sum U_{Quelle}$ (Maschensatz)	Maxwell $\oint_{\partial A} \underline{H} \cdot \mathrm{d}s = \int_A j \cdot \mathrm{d}\underline{A}$ $\Rightarrow \sum V_{mag} = \sum \Theta_{Quelle}$

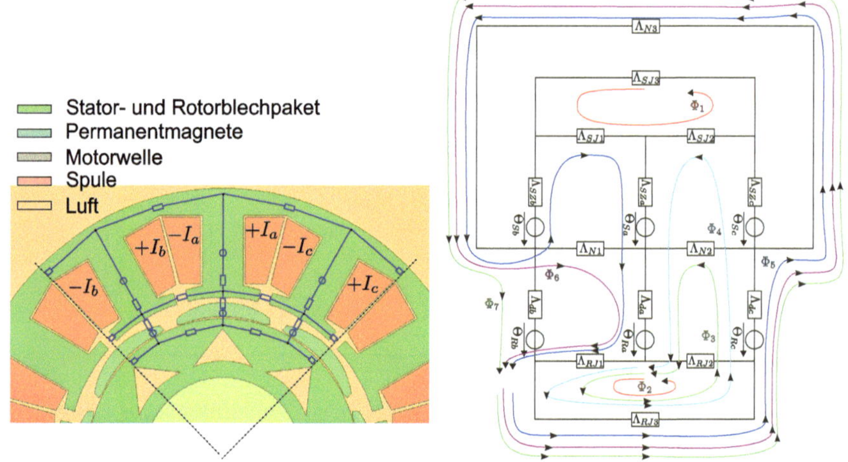

(a) Netzwerkstruktur über eine elektrische Umdrehung (b) Widerstandsnetzwerk mit den Maschenflüssen Φ_1 bis Φ_7

Abbildung 2.5.: Überführung der einzelzahnbewickelten Maschine in ein Magnetkreismodell

Abbildung 2.5(a) zeigt schematisch den Querschnitt einer einzelzahnbewickelten permanentmagneterregten Synchronmaschine mit dem daraus abgeleiteten magnetischen Widerstandsnetzwerk, reduziert auf eine elektrische Umdrehung (Elementarmaschine). Durch diese Reduktion müssen gewisse Größen über die Polpaarzahl auf die gesamte Maschine umgerechnet werden. Die korrespondierenden Wicklungen der einzelnen Elementarmaschinen sind parallel geschaltet. Der Querschnitt der Maschine wird in geometrisch sinnvolle Abschnitte (Luftspalt, Statorzahn, Statorjoch, etc.) unterteilt. Hierfür gibt es keine eindeutigen Regeln. Es gibt somit eine Vielfalt an Möglichkeiten, geometrische Flächen in Widerstandsnetzwerke zu abstrahieren. Im Rahmen vorausgegangener Untersuchungen wurden verschiedene Netzwerktopologien implementiert, nach verschiedenen Gesichtspunkten evaluiert und untereinander verglichen. Das in der vorliegenden Arbeit vorgestellte und analysierte Netzwerk hat sich als das günstigste in Bezug auf Güte der Simulationsergebnisse, Rechengeschwindigkeit und numerischer Stabilität bei der Lösung der aufgestellten Netzwerkgleichungen erwiesen. Außerdem wird ein Netzwerk mit ähnlicher Struktur in [22] verwendet.

Jeder dieser geometrischen Teilabschnitte (Luftspalt, Statorzahn, Statorjoch, etc.) wird unter Berücksichtigung seiner Geometrie und seiner Sättigungskennlinie in einen magnetischen Widerstand überführt (siehe Abschnitt 2.4.2.3). Die bewickelten Statorzähne bilden jeweils eine Durchflutungsquelle mit einer zum Spulenstrom proportionalen Durchflutung. Weiterhin bilden sich im Luftspalt unter den einzelnen Statorzähnen rotorwinkelabhängige Durchflutungsquellen.

Abbildung 2.5(b) zeigt das abgeleitete magnetische Widerstandsnetzwerk. Eine prinzipielle Ableitung der einzelnen magnetischen Widerstandswerte aus der Geometrie und der B-H-Kennlinie des repräsentierten Volumenabschnittes erfolgt in 2.4.2.3. Eine detaillierte Herleitung kann aus [1] beziehungsweise aus der dieser Arbeit zugehörigen Diplomarbeit [17] entnommen werden.

Das nichtlineare Widerstandsnetzwerk wird mathematisch durch ein algebraisches nichtlineares Gleichungssystem beschrieben. Das Aufstellen des Gleichungssystems erfolgt analog zur Analyse elektrischer Netzwerke über den Kirchhoffschen Maschensatz beziehungsweise Kirchhoffschen Knotensatz [40]. Das verwendete magnetische Netzwerk kann in sieben Maschen mit insgesamt sieben unabhängigen magnetischen Maschenflüssen Φ_1 bis Φ_7 unterteilt werden. Daraus ergibt sich ein nichtlineares Gleichungssystem siebter Ordnung. Die Aufstellung und Lösung dieses Gleichungssystems wird je nach Bestimmung der Eingangs- und Ausgangsgrößen in den Abschnitten 2.4.2.5 und 2.4.2.6 beschrieben.

2.4.2.2. Berechnung der Rotordurchflutung (Block 1a und 1b)

Permanentmagnete in Synchronmaschinen können für die Modellierung in magnetischen Netzwerken durch Spulen mit konstanten Strömen ersetzt werden [1, 18]. Es ergibt sich je nach Form und Magnetisierung der Permanentmagneten im Luftspalt eine über den Rotorumfang ϑ räumliche Durchflutungsverteilung $\Theta_R(\vartheta)$.

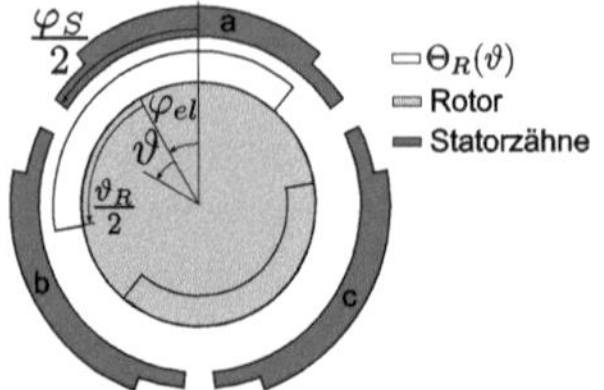

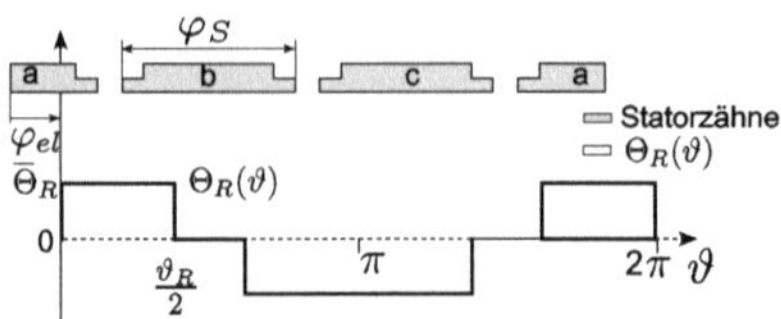

(a) Rotordurchflutungsverteilung im Luftspalt in Polardarstellung

(b) Rotordurchflutungsverteilung im Luftspalt in kartesischer Darstellung

Abbildung 2.6.: Querschnitt der Rotordurchflutungsverteilung im Luftspalt der Elementarmaschine

Abbildung 2.6 zeigt die Rotordurchflutungsverteilung im Luftspalt einer zweipoligen Synchronmaschine mit schalenförmigen Permanentmagneten. Die Schalenform bildet sich in diesem Fall in kartesischen Koordinaten als Quader ab. Es können auch beliebige andere Magnetformen modelliert werden. In realen Maschinen wird bei Sinuskommutierung ein sinusförmiges Luftspaltfeld angestrebt, um keine Harmonischen zu erzeugen. Für das Maschinenmodell, welches der in den folgenden Kapiteln beschriebenen Regelung zugrunde liegt, werden die Permanentmagnete entsprechend der tatsächlichen Magnetform einer Maschine modelliert, wie sie im Querschnitt 2.5(a) angedeutet werden. Eine mathematische Beschreibung der Magnetform darf in dieser Arbeit nicht preisgegeben werden.

Der in Abbildung 2.6(b) dargestellte Durchflutungsverlauf lässt sich durch eine Fourierreihe annähern. Dabei wird vorausgesetzt, dass es sich um eine gerade Funktion ohne Gleichanteil handelt, was zwangsläufig aus dem Durchflutungsgesetz abgeleitet werden kann. Bei ϑ_R handelt es sich um die Breite und bei $\overline{\Theta}_R$ um die Nominaldurchflutung eines Permanentmagneten. Es entsteht ein Fourierreihenansatz für ein allgemeines Rechtecksignal, wie er in [49] und [50] nachgeschlagen werden kann.

$$\Theta_{R,f}(\vartheta) = \sum_{k=1}^{\infty} a_k \cos(k \cdot \vartheta) \tag{2.16}$$

$$\text{mit} \quad a_k = \frac{4\overline{\Theta}_R}{k\pi} \cos\left(\frac{k\vartheta_R}{2} - \frac{k\pi}{2}\right) \sin\left(\frac{k\pi}{2}\right) \tag{2.17}$$

Verdreht sich der Rotor um den elektrischen Winkel φ_{el}, ergibt sich eine Rotordurchflutungsverteilung von $\Theta_{R,f}(\vartheta - \varphi_{el})$. Die Fourierkoeffizienten der tatsächlich modellierten Maschine können aus Gründen der Geheimhaltung in dieser Arbeit nicht aufgelistet werden.

In dem Modell des magnetischen Netzwerkes kann die Rotordurchflutungsverteilung nicht direkt verwendet werden. Es wird stattdessen die effektive Durchflutung $\Theta_{Ra,b,c}$ unter dem jeweiligen Statorzahn SZa,b,c gebildet. Dazu wird der Durchflutungsverlauf unter jedem Statorzahn integriert und durch dessen Breite dividiert. Die Effektivdurchflutung unter jedem Statorzahn ist folglich eine Funktion der elektrischen Lage:

$$\Theta_{Ra}(\varphi_{el}) = \frac{1}{\varphi_s} \int_{-\frac{\varphi_s}{2}}^{\frac{\varphi_s}{2}} \Theta_{R,f}(\vartheta - \varphi_{el}) \mathrm{d}\vartheta \tag{2.18}$$

$$= \frac{1}{\varphi_s} \sum_{k=1}^{\infty} \frac{2a_k}{k} \cos(k\varphi_{el}) \cdot \sin\left(\frac{k\varphi_s}{2}\right) \tag{2.19}$$

$$\Theta_{Rb}(\varphi_{el}) = \frac{1}{\varphi_s} \int_{-\frac{\varphi_s}{2}-\frac{2\pi}{3}}^{\frac{\varphi_s}{2}-\frac{2\pi}{3}} \Theta_{R,f}(\vartheta - \varphi_{el}) \mathrm{d}\vartheta \tag{2.20}$$

$$= \frac{1}{\varphi_s} \sum_{k=1}^{\infty} \frac{2a_k}{k} \cos\left(k\left(\varphi_{el} - \frac{2\pi}{3}\right)\right) \cdot \sin\left(\frac{k\varphi_s}{2}\right) \tag{2.21}$$

$$\Theta_{Rc}(\varphi_{el}) = \frac{1}{\varphi_s} \int_{-\frac{\varphi_s}{2}+\frac{2\pi}{3}}^{\frac{\varphi_s}{2}+\frac{2\pi}{3}} \Theta_{R,f}(\vartheta - \varphi_{el}) \mathrm{d}\vartheta \tag{2.22}$$

$$= \frac{1}{\varphi_s} \sum_{k=1}^{\infty} \frac{2a_k}{k} \cos\left(k\left(\varphi_{el} + \frac{2\pi}{3}\right)\right) \cdot \sin\left(\frac{k\varphi_s}{2}\right) \tag{2.23}$$

Damit liegt eine explizite Funktion der drei Rotordurchflutungen in Abhängigkeit der elektrischen Rotorlage vor, womit die Unterfunktionen Block 1a und 1b im Wirkungsplan 2.3 gerechnet werden können. Für die Abbildung der qualitativen Einflüsse des Luftspaltfeldes ist es ausreichend, die Oberwellenanteile bis zur 25. Ordnung aufzuaddieren. Berücksichtigt man nur den ersten Term der Fourierreihen, so geht man von einer sinusförmigen Luftspaltdurchflutung und somit automatisch von einer sinusförmigen Luftspaltflussdichteverteilung der unbestromten Maschine (Grundwellenmodell) aus, wie es beispielsweise in [7] Erwähnung findet.

2.4.2.3. Bestimmung der Widerstandswerte

In einem magnetischen Widerstandsnetzwerk werden Volumenelemente mit einer räumlichen Flussdichteverteilung in konzentrierte eindimensionale Widerstände überführt [41, Seite 30ff]. Die einzelnen Volumenabschnitte werden dabei so gewählt, dass in ihnen die Flussdichteverteilung möglichst homogen ist.

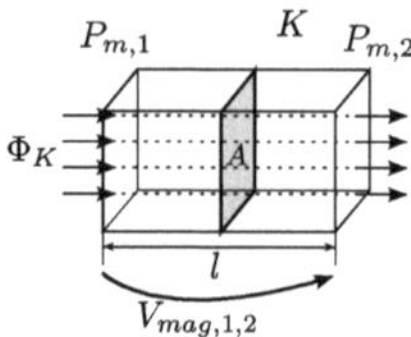

Abbildung 2.7.: Quaderförmiger Volumenabschnitt

Abbildung 2.7 zeigt beispielhaft einen Volumenabschnitt K der Länge l und der Querschnittsfläche A, welcher zum Beispiel einen Statorzahn repräsentieren könnte. Es wird angenommen, dass der magnetische Fluss Φ_K die Fläche A des Quaders senkrecht durchsetzt und alle infinitesimal dünnen Flächenstücke A Äquipotentialfächen sind. Zudem wird eine räumlich konstante Permeabilität des Materials angenommen. Somit stellt die Potentialdifferenz $V_{mag,1,2} = P_{m,1} - P_{m,2}$ der beiden äußeren Flächen des Quaders den magnetischen Spannungsabfall V_{mag} an dem Bauelement dar. Das magnetische Feld innerhalb des betrachteten Bauelementes wird folglich als homogen angenommen. Im Gegensatz zu FE-Modellen, in denen es keine Einschränkungen der Richtung des magnetischen Flusses gibt, kann hier der Fluss nur in zwei Richtungen entlang der Flächennormalen zu A fließen.

Für den magnetischen Spannungsabfall an dem Quader der Länge l gilt mit der Feldstärke $\vec{H}$ [41, Gleichung 2.17]:

$$V_{mag,1,2} = \int_1^2 \vec{H} \mathrm{d}\vec{s} = H \cdot l \tag{2.24}$$

Mit der Flussdichte $\vec{B}$ ergibt sich für den magnetischen Fluss [41, Gleichung 2.4]:

$$\Phi_K = \int_A \vec{B} \cdot \mathrm{d}\vec{A} = B \cdot A \tag{2.25}$$

Für den allgemeinen nichtlinearen Fall liegt ein beliebiger, zumeist stetiger und streng monotoner Zusammenhang zwischen Feldstärke und Flussdichte vor, welcher durch die materialspezifische B-H-Kennlinie beschrieben wird:

$$H = f_H(B) \tag{2.26}$$

Es ist auch möglich, die B-H-Kennlinie als Umkehrfunktion zu Gleichung (2.26) als $B = f_B(H)$ zu beschreiben. Der Ansatz (2.26) erweist sich als günstig, da er sich für das Eisen der in dieser Arbeit untersuchten Maschinen als Polynom annähern lässt. Der Polynomansatz ist beim analytischen Aufstellen der Jakobimatrizen (Abschnitt A) zum iterativen Lösen des algebraischen Gleichungssystems (Abschnitte 2.4.2.5 und 2.4.2.6) vorteilhaft. Durch den statischen Ansatz (2.26) werden magnetische Hystereseeffekte im Modell ausgeschlossen.

Der magnetische Widerstand des Volumenelements ist nach [41, Gleichung 2.6 und 2.7] definiert als:

$$\Lambda_K = \frac{V_{mag,1,2}}{\Phi_K} \tag{2.27}$$

$$= \frac{H \cdot l}{B \cdot A} \tag{2.28}$$

$$= \frac{f_H(B) \cdot l}{B \cdot A} \tag{2.29}$$

Wird der magnetische Kreis als Ganzes betrachtet, ergibt die Summe der einzelnen magnetischen Teilspannungen V_{mag} die sogenannte magnetische Umlaufspannung beziehungsweise den umschlossene Strom I. Somit folgt aus dem Durchfutungsgesetz: [41, Gleichung 2.11, 2.18, 2.19], [42]:

$$\oint_s \vec{H} \mathrm{d}\vec{s} = \sum V_{mag} = I \tag{2.30}$$

Die einzelnen magnetischen Widerstände des in Abbildung 2.5(b) dargestellten Netzwerks lassen sich aus der Geometrie des zusammengefassten Volumenabschnitts und der B-H-Kennlinie des jeweiligen Mediums ermitteln.

Für die Relation von magnetischer Flussdichte zur Feldstärke in einem Medium hat es sich als günstig erwiesen, die Funktion

$$H = f_H(B) = a_{Medium} \cdot B + b_{Medium} \cdot B^{13} \tag{2.31}$$

mit den durch die Gaußsche Methode der kleinsten Fehlerquadratsummen [49] ermittelten Koeffizienten für Stahl (Rotorjoch, Statorjoch, Statorzahn)

$$a_{Stahl} = 102.0552 \, \frac{\mathrm{Am}}{\mathrm{Vs}} \tag{2.32}$$

$$b_{Stahl} = 6.9412 \, \frac{\mathrm{Am}^{25}}{(\mathrm{Vs})^{13}} \tag{2.33}$$

beziehungsweise den analytisch ermittelten Koeffizienten für Luft und Permanentmagnete (Luftspalt, Nutschlitze)

$$a_{Luft/PM} = \frac{1}{\mu_0}\frac{\text{Am}}{\text{Vs}} \tag{2.34}$$

$$b_{Luft/PM} = 0\,\frac{\text{Am}^{25}}{(\text{Vs})^{13}} \tag{2.35}$$

anzusetzen.

Da Luft nicht magnetisch sättigt, entfällt der Koeffizient $b_{Luft/PM}$ und es verbleibt die Proportionalität zwischen Feldstärke und Flussdichte.

Abbildung 2.8 zeigt die B-H-Kennlinie von ST37N, die vom Motorenhersteller zur Verfügung gestellt wurde. Des Weiteren wird in den Diagrammen das angesetzte Polynom (Gleichung (2.31)) mit den ermittelten Koeffizienten (Gleichung (2.32) und (2.33)) gezeigt. Für eine qualitative Beschreibung der Magnetisierungseigenschaften der Maschine erweist sich das Polynom als sehr gute Näherung.

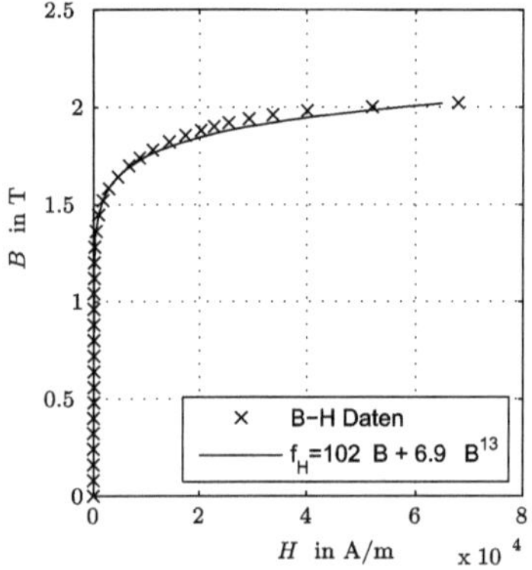

(a) Magnetisierungskennlinie von ST37N
und Polynomansatz

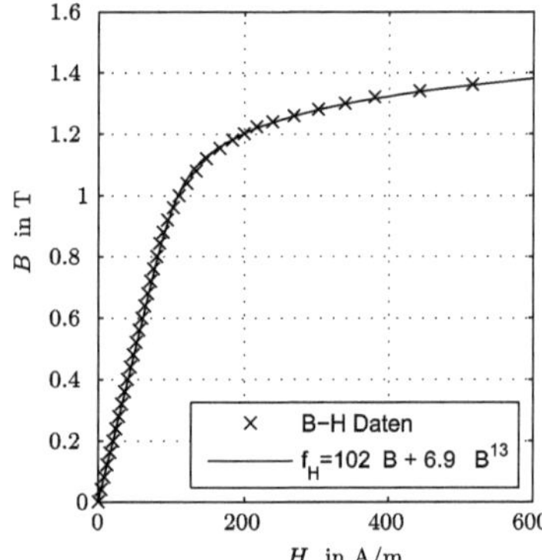

(b) Magnetisierungskennlinie von ST37N
und Polynomansatz (vergrößert)

Abbildung 2.8.: Vergleich zwischen Magnetisierungsdaten von ST37N und Polynomansatz für f_H

Der Ansatz, den nichtlinearen Zusammenhang $H = f_H(B)$ als Polynom zu beschreiben, findet sich auch in [22].

Anhand der Gleichungen (2.29) und (2.31) lassen sich die jeweiligen Widerstände R_K

des entsprechenden Volumenabschnitts K berechnen:

$$\Lambda_K(\Phi_K) = (a_{Medium} + b_{Medium} \cdot B^{12}) \cdot \frac{l}{A} \tag{2.36}$$

$$= \frac{l \cdot a_{Medium}}{A} + \frac{l \cdot b_{Medium}}{A^{13}} \cdot A^{12} \cdot B^{12} \tag{2.37}$$

$$= \underbrace{\frac{l \cdot a_{Medium}}{A}}_{\alpha_K} + \underbrace{\frac{l \cdot b_{Medium}}{A^{13}}}_{\beta_K} \cdot \Phi_K^{12} \tag{2.38}$$

In den Koeffizienten α_K, β_K ist die Geometrie des Volumenelements K enthalten. Der Koeffizient $\beta_{RJ1,2,3}$ der Rotorjochwiderstände erweist sich als so klein, dass er in den folgenden Betrachtungen zu Null gesetzt wird. Es wird folglich keine Sättigung im Rotor modelliert. Würde man alle Koeffizienten β zu null setzen, erhielte man das Maschinenmodell ohne den Einfluss von magnetischer Sättigung. Die maschinenspezifischen magnetischen Widerstände werden im Zuge der Modellierung einer Maschine bestimmt und liegen dann als Daten für die Simulation vor. Aus der Netzwerkstruktur (Abbildung 2.5(b)) und Gleichung (2.38) ergibt sich:

$$\Lambda_{SJ1} = \alpha_{SJ} + \beta_{SJ} \cdot (\Phi_1 + \Phi_5)^{12} \qquad \text{Statorjoch 1} \tag{2.39}$$

$$\Lambda_{SJ2} = \alpha_{SJ} + \beta_{SJ} \cdot (\Phi_1 - \Phi_4)^{12} \qquad \text{Statorjoch 2} \tag{2.40}$$

$$\Lambda_{SJ3} = \alpha_{SJ} + \beta_{SJ} \cdot (\Phi_1)^{12} \qquad \text{Statorjoch 3} \tag{2.41}$$

$$\Lambda_{SZa} = \alpha_{SZ} + \beta_{SZ} \cdot (\Phi_4 + \Phi_5)^{12} \qquad \text{Statorzahn a} \tag{2.42}$$

$$\Lambda_{SZb} = \alpha_{SZ} + \beta_{SZ} \cdot (\Phi_5)^{12} \qquad \text{Statorzahn b} \tag{2.43}$$

$$\Lambda_{SZc} = \alpha_{SZ} + \beta_{SZ} \cdot (\Phi_4)^{12} \qquad \text{Statorzahn c} \tag{2.44}$$

$$\Lambda_{RJ1} = \alpha_{RJ} \qquad \text{Rotorjoch 1} \tag{2.45}$$

$$\Lambda_{RJ2} = \alpha_{RJ} \qquad \text{Rotorjoch 2} \tag{2.46}$$

$$\Lambda_{RJ3} = \alpha_{RJ} \qquad \text{Rotorjoch 3} \tag{2.47}$$

$$\Lambda_{da} = \alpha_d \qquad \text{Luftspalt a} \tag{2.48}$$

$$\Lambda_{db} = \alpha_d \qquad \text{Luftspalt b} \tag{2.49}$$

$$\Lambda_{dc} = \alpha_d \qquad \text{Luftspalt c} \tag{2.50}$$

$$\Lambda_{N1} = \alpha_N \qquad \text{Nut 1} \tag{2.51}$$

$$\Lambda_{N2} = \alpha_N \qquad \text{Nut 2} \tag{2.52}$$

$$\Lambda_{N3} = \alpha_N \qquad \text{Nut 3} \tag{2.53}$$

Eine detaillierte Herleitung der B-H-Kennlinie sowie der einzelnen Koeffizienten und Widerstände kann in [17] nachgelesen werden.

2.4.2.4. Aufstellen des Gleichungssystems aus dem magnetischen Widerstandsnetzwerk

Über die Kirchhoffschen Gesetze[3] [40–42] lassen sich für die sieben magnetischen Maschenflüsse Φ_1 bis Φ_7 aus dem magnetischen Netzwerk (Abbildung 2.5) die magnetischen Spannungsabfälle über die einzelnen magnetischen Widerstände mit den einzelnen Durchflutungsquellen ins Verhältnis setzen. Verfolgt man beispielsweise in Abbildung 2.5 den Umlaufpfad des Flusses Φ_1 durch das Statorjoch (SJ), ergibt sich Gleichung (2.54). Die Null auf der linken Seite der Gleichung ergibt sich, weil sich auf dem Flusspfad keine Durchflutungsquelle befindet. Das heißt, dass der Pfad weder einen Strom umläuft, noch einen Permanentmagneten durchdringt.

$$
\begin{aligned}
0 &= (\Lambda_{SJ1} + \Lambda_{SJ2} + \Lambda_{SJ3}) \cdot \Phi_1 - \Lambda_{SJ2} \cdot \Phi_4 + \Lambda_{SJ1} \cdot \Phi_5 && (2.54)\\
0 &= (\Lambda_{SJ1}(\Phi_1 + \Phi_5) + \Lambda_{SJ2}(\Phi_1 - \Phi_4) + \Lambda_{SJ3}(\Phi_1)) \cdot \Phi_1 \\
&\quad -\Lambda_{SJ2}(\Phi_1 - \Phi_4) \cdot \Phi_4 + \Lambda_{SJ1}(\Phi_1 + \Phi_5) \cdot \Phi_5 && (2.55)\\
0 &= \left(3 \cdot \alpha_{SJ} + \beta_{SJ} \cdot \left((\Phi_1 + \Phi_5)^{13} + (\Phi_1 - \Phi_4)^{13} + \Phi_1^{13}\right)\right) && (2.56)
\end{aligned}
$$

Da die magnetischen Widerstände des Statorjochs $\Lambda_{SJ1,2,3}$ abhängig von den Flüssen sind, die sie durchsetzen (Gleichung (2.39), (2.40), (2.41)), ergibt sich Gleichung (2.55) beziehungsweise (2.56).

Betrachtet man den Fluss Φ_3 in Abbildung 2.5, so erkennt man, dass er die magnetischen Widerstände $\Lambda_{RJ1,3}$, $\Lambda_{da,c}$, Λ_{N2} und die Durchflutungsquellen $\Theta_{Ra,c}$ durchsetzt. Gleichung (2.57) stellt die Maschengleichung für den Fluss Φ_3 dar:

$$
\begin{aligned}
\Theta_{Rc} - \Theta_{Ra} &= \Lambda_{RJ1} \cdot (\Phi_2 + \Phi_3 + \Phi_4 + \Phi_5 + \Phi_6) \\
&\quad + \Lambda_{RJ3} \cdot (\Phi_2 + \Phi_3 + \Phi_4 + \Phi_5 + \Phi_6 + \Phi_7) \\
&\quad + \Lambda_{dc} \cdot (\Phi_3 + \Phi_4 + \Phi_5 + \Phi_6 + \Phi_7) \\
&\quad + \Lambda_{da} \cdot (\Phi_3 + \Phi_4 + \Phi_5 + \Phi_6) \\
&\quad + \Lambda_{N2} \cdot \Phi_3 && (2.57)
\end{aligned}
$$

Die magnetischen Widerstände sind unabhängig von den Flüssen, die sie durchdringen.

Da Φ_3 nicht nur magnetische Widerstände, sondern auch Durchflutungsquellen durchfließt, ergibt sich auf der linken Seite der Gleichung keine Null.

---

[3]Die Kirchhoffschen Gesetze entsprechen in dieser Analogiebetrachtung dem Durchflutungsgesetz und dem Gesetz der Quellenfreiheit des magnetischen Feldes (Maxwellschen Gleichungen).

Stellt man ein Gleichungssystem für alle Maschenflüsse Φ_1 bis Φ_7 auf, entsteht in Matrix-Schreibweise:

$$-\underline{\Theta} \;=\; \underline{W}(\underline{\Phi}) \tag{2.58}$$

$$=\; \underline{\underline{\Lambda}}(\underline{\Phi}) \cdot \underline{\Phi} \tag{2.59}$$

mit

$$\underline{\Theta} = \begin{pmatrix} \Theta_1 \\ \Theta_2 \\ \Theta_3 \\ \Theta_4 \\ \Theta_5 \\ \Theta_6 \\ \Theta_7 \end{pmatrix} = \begin{pmatrix} 0 \\ 0 \\ \Theta_{Ra} - \Theta_{Rc} \\ \Theta_{Ra} + \Theta_{Sa} - \Theta_{Sc} - \Theta_{Rc} \\ \Theta_{Ra} + \Theta_{Sa} - \Theta_{Sb} - \Theta_{Rc} \\ \Theta_{Ra} - \Theta_{Rc} \\ \Theta_{Ra} - \Theta_{Rc} \end{pmatrix} \quad \text{und} \quad \underline{\Phi} = \begin{pmatrix} \Phi_1 \\ \Phi_2 \\ \Phi_3 \\ \Phi_4 \\ \Phi_5 \\ \Phi_6 \\ \Phi_7 \end{pmatrix} \tag{2.60}$$

wobei $\Theta_{Sa} = w \cdot I_a$, $\Theta_{Sb} = w \cdot I_b$ und $\Theta_{Sc} = w \cdot I_c$ ist.

Es ergibt sich die folgende symmetrische Widerstandsmatrix:

$$\underline{\underline{\Lambda}}(\underline{\Phi}) = \begin{pmatrix} \Lambda_{1,1} & 0 & 0 & \Lambda_{1,4} & \Lambda_{1,5} & 0 & 0 \\ 0 & \Lambda_{2,2} & \Lambda_{2,3} & \Lambda_{2,4} & \Lambda_{2,5} & \Lambda_{2,6} & \Lambda_{2,7} \\ 0 & \Lambda_{3,2} & \Lambda_{3,3} & \Lambda_{3,4} & \Lambda_{3,5} & \Lambda_{3,6} & \Lambda_{3,7} \\ \Lambda_{4,1} & \Lambda_{4,2} & \Lambda_{4,3} & \Lambda_{4,4} & \Lambda_{4,5} & \Lambda_{4,6} & \Lambda_{4,7} \\ \Lambda_{5,1} & \Lambda_{5,2} & \Lambda_{5,3} & \Lambda_{5,4} & \Lambda_{5,5} & \Lambda_{5,6} & \Lambda_{5,7} \\ 0 & \Lambda_{6,2} & \Lambda_{6,3} & \Lambda_{6,4} & \Lambda_{6,5} & \Lambda_{6,6} & \Lambda_{6,7} \\ 0 & \Lambda_{7,2} & \Lambda_{7,3} & \Lambda_{7,4} & \Lambda_{7,5} & \Lambda_{7,6} & \Lambda_{7,7} \end{pmatrix} \tag{2.61}$$

mit

$$\Lambda_{1,1} = 3\alpha_{SJ} + \beta_{SJ}\left((\Phi_1 + \Phi_5)^{12} + (\Phi_1 - \Phi_4)^{12} + \Phi_1^{12}\right) \tag{2.62}$$

$$\Lambda_{1,4} = \Lambda_{4,1} = -\alpha_{SJ} - \beta_{SJ}(\Phi_1 - \Phi_4)^{12} \tag{2.63}$$

$$\Lambda_{1,5} = \Lambda_{5,1} = \alpha_{SJ} + \beta_{SJ}(\Phi_1 + \Phi_5)^{12} \tag{2.64}$$

$$\Lambda_{2,2} = \Lambda_{RJ1} + \Lambda_{RJ2} + \Lambda_{RJ3} \tag{2.65}$$

$$\Lambda_{2,3} = \Lambda_{3,2} = \Lambda_{2,4} = \Lambda_{4,2} = \Lambda_{2,5} = \Lambda_{5,2} = \Lambda_{2,6} = \Lambda_{6,2} = \Lambda_{RJ1} + \Lambda_{RJ3} \tag{2.66}$$

$$\Lambda_{2,7} = \Lambda_{7,2} = \Lambda_{RJ3} \tag{2.67}$$

$$\Lambda_{3,3} = \Lambda_{RJ1} + \Lambda_{RJ3} + \Lambda_{da} + \Lambda_{dc} + \Lambda_{N2} \tag{2.68}$$

$$\Lambda_{3,4} = \Lambda_{4,3} = \Lambda_{3,5} = \Lambda_{5,3} = \Lambda_{3,6} = \Lambda_{6,3} = \Lambda_{RJ1} + \Lambda_{RJ3} + \Lambda_{da} + \Lambda_{dc} \tag{2.69}$$

$$\Lambda_{3,7} = \Lambda_{7,3}7 = \Lambda_{RJ3} + \Lambda_{dc} \tag{2.70}$$

$$\Lambda_{4,4} = \Lambda_{RJ1} + \Lambda_{RJ3} + \Lambda_{da} + \Lambda_{dc} + 2\alpha_{SZ} + \beta_{SZ}\left((\Phi_4 + \Phi_5)^{12} + \Phi_4^{12}\right) + \alpha_{SJ} + \beta_{SJ}(\Phi_1 - \Phi_4)^{12} \tag{2.71}$$

$$\Lambda_{4,5} = \Lambda_{5,4} = \Lambda_{RJ1} + \Lambda_{RJ3} + \Lambda_{da} + \Lambda_{dc} + \alpha_{SZ} + \beta_{SZ}(\Phi_4 + \Phi_5)^{12} \tag{2.72}$$

$$\Lambda_{4,6}=\Lambda_{6,4}=\Lambda_{RJ1}+\Lambda_{RJ3}+\Lambda_{da}+\Lambda_{dc} \tag{2.73}$$

$$\Lambda_{4,7}=\Lambda_{7,4}=\Lambda_{RJ3}+\Lambda_{dc} \tag{2.74}$$

$$\Lambda_{5,5}=\Lambda_{RJ1}+\Lambda_{RJ3}+\Lambda_{da}+\Lambda_{dc}+2\alpha_{SZ}+\beta_{SZ}\left(\Phi_5^{12}+(\Phi_4+\Phi_5)^{12}\right)+\alpha_{SJ}+\beta_{SJ}(\Phi_1+\Phi_5)^{12}+\Lambda_{N3} \tag{2.75}$$

$$\Lambda_{5,6}=\Lambda_{6,5}=\Lambda_{RJ1}+\Lambda_{RJ3}+\Lambda_{da}+\Lambda_{dc}+\Lambda_{N3} \tag{2.76}$$

$$\Lambda_{5,7}=\Lambda_{7,5}=\Lambda_{RJ3}+\Lambda_{dc}+\Lambda_{N3} \tag{2.77}$$

$$\Lambda_{6,6}=\Lambda_{RJ1}+\Lambda_{RJ3}+\Lambda_{da}+\Lambda_{dc}+\Lambda_{N1}+\Lambda_{N3} \tag{2.78}$$

$$\Lambda_{6,7}=\Lambda_{7,6}=\Lambda_{RJ3}+\Lambda_{dc}+\Lambda_{N3} \tag{2.79}$$

$$\Lambda_{7,7}=\Lambda_{RJ3}+\Lambda_{db}+\Lambda_{dc}+\Lambda_{N3} \tag{2.80}$$

Die Widerstandsmatrix $\underline{\underline{\Lambda}}$ ist abhängig vom Flussvektor $\underline{\Phi}$. Das Gleichungssystem wird für eine Maschine im Zuge der Modellierung aufgestellt und liegt ab dann für die Simulation vor. Das Gleichungssystem wird in den Blöcken 2 und 3 in Abbildung 2.3 aufgerufen und iterativ gelöst.

2.4.2.5. Lösen des Gleichungssystems (Block 2)

Wie bereits in Abbildung 2.3 angedeutet, muss das Gleichungssystem (2.59) zweimal gelöst werden. Im ersten Fall (Block 2 in Abbildung 2.3) sind die bekannten Größen die Statorzahnflüsse ($\Phi_{SZa} = -\Phi_4 - \Phi_5$ und $\Phi_{SZb} = \Phi_5$ und $\Phi_{SZc} = \Phi_4$; Statorzahnflüsse werden aus dem dynamischen Teilmodell bereitgestellt; somit sind Φ_4 und Φ_5 bekannt) sowie die drei Rotordurchflutungen ($\Theta_{Ra,b,c}$ aus Block 1a). Die Ausgangsgrößen, welche durch das Lösen des Gleichungssystems in diesem Block ermittelt werden sollen, sind die Statordurchflutungen (Θ_{Sa}, Θ_{Sb} und daraus abgeleitet $\Theta_{Sc} = -\Theta_{Sa} - \Theta_{Sb}$) beziehungsweise die Statorströme (I_a, I_b und daraus abgeleitet $I_c = -I_a - I_b$) sowie die magnetische Co-Energie W' des Systems, welche sich aus allen Maschenflüssen Φ_1 bis Φ_7 (siehe Kapitel 2.4.2.8) explizit berechnen lässt. Die Statordurchflutungen $\Theta_{Sa,b,c}$ liegen im Gleichungssystem (2.59) beziehungsweise im Durchflutungsvektor $\underline{\Theta}$ (Gleichung (2.60)) nicht explizit vor, können aber nach dem Lösen des Gleichungssystems aus den resultierenden Durchflutungsquellen der Maschen 4 und 5 (den Komponenten

Θ_4, Θ_5) und dem Zusammenhang[4] $\Theta_{Sa} + \Theta_{Sb} + \Theta_{Sc} = 0$ berechnet werden:

$$\Theta_4 = \Theta_{Ra} - \Theta_{Rc} + \Theta_{Sa} - \Theta_{Sc} \tag{2.81}$$

$$\Theta_5 = \Theta_{Ra} - \Theta_{Rc} + \Theta_{Sa} - \Theta_{Sb} \tag{2.82}$$

$$0 = \Theta_{Sa} + \Theta_{Sb} + \Theta_{Sc} \tag{2.83}$$

$$\Leftrightarrow$$

$$\Theta_{Sa} = \frac{-\Theta_4 - \Theta_5}{3} \tag{2.84}$$

$$\Theta_{Sb} = \frac{2\Theta_5 - \Theta_4}{3} \tag{2.85}$$

$$\Theta_{Sc} = \frac{2\Theta_4 - \Theta_5}{3} \tag{2.86}$$

Da sich die Statordurchflutungen $\Theta_{Sa,b,c}$ aus den Maschendurchflutungen Θ_4 und Θ_5 berechnen, werden zuerst die Maschendurchflutungen ermittelt, aus welchen anschließend die Statordurchflutungen anhand der Gleichungen (2.84) bis (2.86) berechnet werden.

Der Nachweis, ob das Gleichungssystem überhaupt eine Lösung besitzt und ob diese Lösung eindeutig ist, erfolgt im Zuge der Überprüfung der Konvergenz des gewählten Lösungsverfahrens.

Aufgrund der Tatsache, dass sich das Gleichungssystem nicht explizit nach den Unbekannten auflösen lässt, muss es iterativ gelöst werden. Dafür wird das gedämpfte Newtonverfahren[5] verwendet, da es schnell konvergiert und gezeigt werden kann, dass es für dieses Gleichungssystem global konvergent ist [51,52].

Das Gleichungssystem (2.58) wird in ein Nullstellenproblem der Form

$$\underline{F}(\underline{\Phi}, \underline{\Theta}) = \underline{W}(\underline{\Phi}) + \underline{\Theta} \overset{!}{=} \underline{0} \tag{2.87}$$

überführt. Es wird weiterhin ein Vektor aus den zu bestimmenden unbekannten Größen gebildet:

$$\underline{\xi} := \begin{bmatrix} \Phi_1 & \Phi_2 & \Phi_3 & \Theta_4 & \Theta_5 & \Phi_6 & \Phi_7 \end{bmatrix}^T \in \mathbb{R}^7, \ \Phi_4 \text{ und } \Phi_5 \text{ sind bekannt (Block 2);} \tag{2.88}$$

Die Residuumsfunktion $\underline{F}(\underline{\Phi}, \underline{\Theta})$ wird als Funktion ihrer unbekannten Größen $\underline{F}(\underline{\xi})$: $\mathbb{R}^7 \to \mathbb{R}^7$ bezeichnet:

$$\underline{F}(\underline{\xi}) = \begin{bmatrix} F_1(\underline{\xi}) \\ \vdots \\ F_7(\underline{\xi}) \end{bmatrix} \overset{!}{=} \underline{0} \tag{2.89}$$

---

[4]Dieser Zusammenhang folgt direkt aus der Tatsache, dass die Summe der Statorströme auch null ist.
[5]Das gedämpfte Newtonverfahren wird gelegentlich auch als Newtonverfahren mit Schrittweitensteuerung bezeichnet.

Die Residuumsfunktion $\underline{F}(\underline{\xi})$ ist ein Vektorfeld und beliebig oft stetig nach ihren Argumenten differenzierbar, da sie ausschließlich aus Polynomtermen besteht. Weiterhin gilt, dass die einzelnen Elementfunktionen $F_1(\underline{\xi})$ bis $F_7(\underline{\xi})$ des Vektorfeldes in Bezug auf ihren Argumentvektor $\underline{\xi}$ monoton ohne asymptotisches Verhalten sind. Dies wird bei der Betrachtung der Jakobimatrix deutlich. Die Jakobimatrix der Residuumsfunktion wird in der Gleichung (A.1) im Anhang aufgeführt. Bei der Analyse der Matrix (Gleichungen (A.2)) erkennt man, dass sich ihre Elemente in zwei Gruppen gliedern. Die Elemente der einen Gruppe sind immer gleich null. Die Elemente der anderen Gruppe sind immer ungleich null ohne asymptotisches Verhalten gegen Null. Aufgrund der Tatsache, dass das Vektorfeld als monoton ohne asymptotisches Verhalten gegen eine horizontale Ebene angenommen werden kann und die Jakobimatrix immer regulär ist (Abschnitt A.1), wird auch die Lösung der Gleichungen (2.89) als existent und eindeutig betrachtet.

Es gibt somit für alle Eingangsgrößen $[\Theta_{Ra}, \Theta_{Rb}, \Theta_{Rc}, \Phi_{SZa}, \Phi_{SZb}] \in \mathbb{R}^5$ genau einen Vektor $\underline{\xi}^*$, mit dem die Residuumsfunktion $\underline{F}(\underline{\xi}^*) = \underline{0}$ ist.

Wie bereits erwähnt, wird zur Lösung des nichtlinearen Gleichungssystems – also zur Bestimmung des Lösungsvektors $\underline{\xi}^*$ – ein gedämpftes Newtonverfahren angewendet. Daraus leitet sich als Iteration die Gleichung (2.90) ab.

$$\underline{\xi}(k+1) = \underline{\xi}(k) - \lambda_\xi \left(\underline{\underline{F'_\xi}}(\underline{\xi}(k)) \right)^{-1} \cdot \underline{F}(\underline{\xi}(k)) \tag{2.90}$$

Der Index k ist der Iterationsschritt. Für die Iterationsvorschrift wird zu jedem Iterationsschritt die bereits erwähnte Jakobimatrix gebildet und invertiert:

$$\underline{\underline{F'_\xi}} = \frac{\partial \underline{F}}{\partial \underline{\xi}} = \begin{pmatrix} \frac{\partial F_1}{\partial \xi_1} & \cdots & \frac{\partial F_1}{\partial \xi_7} \\ \vdots & & \vdots \\ \frac{\partial F_7}{\partial \xi_1} & \cdots & \frac{\partial F_7}{\partial \xi_7} \end{pmatrix} \tag{2.91}$$

Dass die Jakobimatrix invertierbar ist, also

$$\det\left(\underline{\underline{F'_\xi}} \right) > 0 \quad \forall \quad [\Phi, \Theta] \in \mathbb{R}^{14} \tag{2.92}$$

ist, wird in Anhang A gezeigt. Der Dämpfungsfaktor λ_ξ dient zur Stabilisierung des Newtonverfahrens. Sollte Divergenz oder eine Lösungsoszillation auftreten, kann durch sukzessive Reduktion des Dämpfungsfaktors eine Konvergenz eingestellt werden. Zum ersten Iterationsschritt wird der Dämpfungsfaktor mit $\lambda_\xi = 1$ initialisiert.

$$\lambda_\xi = (0, 1] \tag{2.93}$$

Das Verfahren wird dann abgebrochen, wenn die Residuumsfunktion dem Nullvektor entspricht. Typischerweise wird bei iterativen Lösungsverfahren die exakte Lösung $\underline{\xi}^*$ erst nach einer sehr hohen Anzahl von Iterationsschritten erreicht. Für die geforderte Genauigkeit der Lösung reicht es jedoch aus, die Iteration dann abzubrechen, wenn die Residuumsfunktion nahezu dem Nullvektor entspricht. Als Abbruchbedingung der Iterationen kann also die Zwei-Norm der Residuumsfunktion $\underline{F}(\underline{\xi}(k))$ mit einer Toleranzgrenze γ verglichen werden:

$$||\underline{F}(\underline{\xi}^*(k))||_2 \leq \gamma \tag{2.94}$$

Eine Divergenz des Verfahrens liegt dann vor, wenn sich die Zwei-Norm von einem Iterationsschritt zum nächsten erhöht:

$$||\underline{F}(\underline{\xi}(k))||_2 \ \geq \ ||\underline{F}(\underline{\xi}(k-1))||_2 \quad \text{Divergenz} \tag{2.95}$$

$$||\underline{F}(\underline{\xi}(k))||_2 \ < \ ||\underline{F}(\underline{\xi}(k-1))||_2 \quad \text{Konvergenz} \tag{2.96}$$

Obwohl das gedämpfte Newtonverfahren für dieses Gleichungssystem immer konvergieren sollte, kann es in der Simulation passieren, dass sich das Verfahren festfährt. Dies liegt an der begrenzten Mantissengenauigkeit der von Matlab verwendeten Datentypen. Wird in einem digitalen Prozessor eine sehr kleine Gleitkommazahl zu einer sehr großen addiert, kommt es unter Umständen vor, dass sich das Ergebnis nicht von der großen Zahl unterscheidet. Dies gilt für die Iteration in Block 2 und 3.

Die in Block 2 berechneten Ströme müssen für die Ausgabe an das dynamische Teilmodell noch mit der Polpaarzahl z_p multipliziert werden (siehe Abbildung 2.3). Die Ursache hierfür ist, dass das magnetische Netzwerk nur eine elektrische Umdrehung (Elementarmaschine) repräsentiert. Die korrespondierenden Wicklungen der einzelnen Elementarmaschinen sind parallel geschaltet.

2.4.2.6. Lösen des Gleichungssystems (Block 3)

Im zweiten Fall (Block 3 in Abbildung 2.3) sind die Eingangsgrößen die Statordurchflutungen (Θ_{Sa}, Θ_{Sb} und daraus abgeleitet $\Theta_{Sc} = -\Theta_{Sa} - \Theta_{Sb}$) beziehungsweise Statorströme (I_a und I_b und daraus abgeleitet $I_c = -I_a - I_b$), welche zuvor im ersten Fall (Block 2) berechnet wurden und die drei Rotordurchflutungen $\Theta_{Ra,b,c}$ für einen differenziell versetzten Rotorwinkel aus Block 1b ($\varphi_{mech} + \delta$). Es ist folglich der ganze Durchflutungsvektor $\underline{\Theta}$ bekannt. Die Ausgangsgröße, welche durch das Lösen des Gleichungssystems in diesem Block ermittelt werden soll, ist die magnetische Co-Energie $W'(\varphi_{mech} + \delta)$ für einen differenziell versetzten Rotorwinkel ($\varphi_{mech} + \delta$) des Systems, welche sich aus allen Maschenflüssen Φ_1 bis Φ_7 (siehe Kapitel 2.4.2.8) explizit berechnen lässt. Es muss also der Flussvektor $\underline{\Phi}$ ermittelt werden. Diese Berechnung ist allein für die Bestimmung des Drehmomentes der Maschine nötig.

Aufgrung seiner Nichtlinearität muss das Gleichungssystem iterativ gelöst werden. Dafür wird analog zum Newtonverfahren in Abschnitt 2.4.2.5 das gedämpfte Newtonverfahren verwendet.

Das Gleichungssystem (2.58) wird in ein Nullstellenproblem umformuliert:

$$\underline{F}(\underline{\Phi}, \underline{\Theta}) = \underline{W}(\underline{\Phi}) + \underline{\Theta} \stackrel{!}{=} \underline{0} \tag{2.97}$$

Es wird weiterhin ein Vektor aus den zu bestimmenden unbekannten Größen gebildet:

$$\underline{\eta} := \begin{bmatrix} \Phi_1 & \Phi_2 & \Phi_3 & \Phi_4 & \Phi_5 & \Phi_6 & \Phi_7 \end{bmatrix}^T \in \mathbb{R}^7, \ \Theta_4 \text{ und } \Theta_5 \text{ sind bekannt (Block 3)}; \tag{2.98}$$

Die Residuumsfunktion $\underline{F}(\underline{\Phi}, \underline{\Theta})$ wird als Funktion ihrer unbekannten Größen $\underline{F}(\underline{\eta})$: $\mathbb{R}^7 \to \mathbb{R}^7$ bezeichnet:

$$\underline{F}(\underline{\eta}) = \begin{bmatrix} F_1(\underline{\eta}) \\ \vdots \\ F_7(\underline{\eta}) \end{bmatrix} \stackrel{!}{=} \underline{0} \tag{2.99}$$

Die Residuumsfunktion $\underline{F}(\underline{\eta})$ ist ein Vektorfeld und ist beliebig oft stetig nach seinen Argumenten differenzierbar, da es ausschließlich aus Polynomtermen besteht. Weiterhin gilt, dass die einzelnen Elementfunktionen $F_1(\underline{\eta})$ bis $F_7(\underline{\eta})$ des Vektorfeldes in Bezug auf seinen jeweiligen Argumentvektor $\underline{\eta}$ monoton ohne asymptotisches Verhalten sind. Dies wird bei der Betrachtung der Jakobimatrix (Abschnitt A.2) deutlich. Die Jakobimatrix der Residuumsfunktion wird in den Gleichungen (A.4) aufgeführt. Bei der Analyse der Matrix (Gleichungen (A.5)) erkennt man, dass sich ihre Elemente in zwei Gruppen gliedern. Die Elemente der einen Gruppe sind immer gleich null. Die Elemente der anderen Gruppe sind immer ungleich null ohne asymptotisches Verhalten gegen Null.

Aufgrund der Tatsache, dass das Vektorfeld als monoton ohne asymptotisches Verhalten gegen eine horizontale Ebene angenommen werden kann und die Jakobimatrix immer regulär ist (Abschnitt A.2), wird auch die Lösung der Gleichung (2.99) als existent und eindeutig betrachtet.

Es gibt also für alle Eingangsgrößen $[\Theta_{Ra}, \Theta_{Rb}, \Theta_{Rc}, \Theta_{SZa}, \Theta_{SZb}] \in \mathbb{R}^5$ genau einen Vektor $\underline{\eta}^*$, mit dem die Residuumsfunktion $\underline{F}(\underline{\eta}^*) = \underline{0}$ ist.

Über das Newtonverfahren wird zur Lösung des Gleichungssystems folgende Iterationsvorschrift abgeleitet:

$$\underline{\eta}(k+1) = \underline{\eta}(k) - \lambda_\eta \left(\underline{\underline{F}}'_\eta(\underline{\eta}(k)) \right)^{-1} \cdot \underline{F}(\underline{\eta}(k)) \tag{2.100}$$

mit der Jakobimatrix

$$\underline{\underline{F}}'_\eta = \frac{\partial \underline{F}}{\partial \underline{\eta}} = \begin{pmatrix} \frac{\partial F_1}{\partial \eta_1} & \cdots & \frac{\partial F_1}{\partial \eta_7} \\ \vdots & & \vdots \\ \frac{\partial F_7}{\partial \eta_1} & \cdots & \frac{\partial F_7}{\partial \eta_7} \end{pmatrix} \tag{2.101}$$

Dass die Jakobimatrix invertierbar ist, also

$$\det\left(\underline{\underline{F}}'_\eta\right) > 0 \quad \forall \quad [\underline{\Phi}, \underline{\Theta}] \in \mathbb{R}^{14} \tag{2.102}$$

ist, wird in Abschnitt A.2 gezeigt.

Auch hier sorgt ein Dämpfungsfaktor λ_η dafür, dass das Verfahren bei Divergenz oder Oszillation stabilisiert werden kann.

$$\lambda_\eta = (0, 1] \tag{2.103}$$

Als Abbruchbedingung der Iterationen wird auch hier die Zwei-Norm der Residuumsfunktion $\underline{F}(\eta)$ mit einer Toleranzgrenze γ verglichen:

$$||\underline{F}(\underline{\eta}(k))||_2 \leq \gamma \tag{2.104}$$

Sollte sich die Zwei-Norm der Nullfunktion von einem Simulationsschritt zum folgenden vergrößern, liegt Divergenz vor und der jeweilige Dämpfungsfaktor beziehungsweise λ_η wird so lange verringert, bis das Verfahren konvergiert.

$$||\underline{F}(\underline{\eta}(k))||_2 \geq ||\underline{F}(\underline{\eta}(k-1))||_2 \quad \text{Divergenz} \tag{2.105}$$

$$||\underline{F}(\underline{\eta}(k))||_2 < ||\underline{F}(\underline{\eta}(k-1))||_2 \quad \text{Konvergenz} \tag{2.106}$$

Als Startwerte für die jeweilige Iteration zu einem Simulationszeitschritt empfielt es sich, den Lösungsvektor des vorhergehenden Simulationszeitschritts zu verwenden. Beim ersten Simulationsschritt können die Startwerte zu null gesetzt werden. Über eine entsprechende Steuerung der Dämpfungsfaktoren λ_ξ und λ_η bietet sich weiteres Optimierungspotential für die Iterationsgeschwindigkeit des Newtonverfahrens. Untersuchungen in diese Richtung wurden im Rahmen der Arbeit nicht durchgeführt.

2.4.2.7. Berechnung der magnetischen Co-Energie (Block 2, 3)

Zur anschaulichen Erklärung des Zusammenhangs zwischen magnetischer Energie und magnetischer Co-Energie sei hier vorerst nur ein einziger Strang ohne mechanische Leistungsabgabe betrachtet. Die magnetische Energie einer Wicklung (wie auch in [42, Gleichung 25.32] beschrieben), lautet:

$$W_{mag} = \int_0^{\Psi} I \cdot \mathrm{d}\Psi^*$$

(2.107)

Dieses Verhältnis wird auch in Abbildung 2.9 veranschaulicht. Die magnetische Co-Energie ist eine Hilfsgröße, welche definiert ist als:

$$W'_{mag} = \int_0^{I} \Psi \cdot \mathrm{d}I^*$$

(2.108)

$$= I \cdot \Psi - W_{mag}$$

(2.109)

In der Fachliteratur [1,7,21,22] wird die magnetische Co-Energie verwendet, um Kräfte im Magnetfeld zu berechnen.

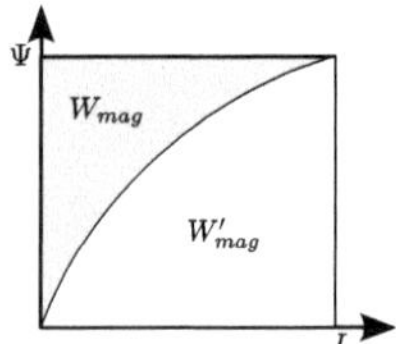

Abbildung 2.9.: Magnetische Co-Energie

Die magnetische Co-Energie für das dreiphasige Modell der elektrischen Maschine wird somit wie folgt notiert:

$$W'_{mag} = I_a \cdot \Psi_a + I_b \cdot \Psi_b + I_c \cdot \Psi_c - W_{mag}$$

(2.110)

Jedem Volumen, welches von einem magnetischen Fluss durchsetzt wird, kann ein magnetisches Energieniveau und somit auch eine magnetische Co-Energie zugeordnet werden. Das bedeutet, dass auch für jeden magnetischen Widerstand des Netzwerks (Kapitel 2.4.2.1) die magnetische Co-Energie berechnet werden kann.

Die folgende Rechnung zeigt, wie die magnetische Co-Energie eines einzelnen magnetischen Widerstands berechnet wird. Dazu betrachtet man zuerst die magnetische Energie $W_{mag,K}(\underline{B})$ in einem Volumenelement K. Wie auch in [42] beschrieben ergibt sich:

$$W_{mag,K}(B) = \int_K \left(\int_0^{B} H(B^*)\mathrm{d}B^* \right) \mathrm{d}V$$

(2.111)

Folglich gilt für die magnetische Co-Energie $W'_{mag}(B)$ im Volumenelement:

$$W'_{mag,K}(B) \;=\; \int\limits_{K} \left(\int\limits_{0}^{H} B(H^*)\mathrm{d}H^* \right) \mathrm{d}V \tag{2.112}$$

$$=\; \int\limits_{K} \left(H(B) \cdot B - \int\limits_{0}^{B} H(B^*)\mathrm{d}B^* \right) \mathrm{d}V \tag{2.113}$$

Gleichung (2.113) leitet sich dabei aus dem Zusammenhang zwischen magnetischer Energie und Co-Energie ab.

Geht man in einem weiteren Schritt davon aus, dass die magnetische Flussdichte im Volumenelement K mit der Länge l und der Querschnittsfläche A homogen ist, wie es für magnetische Widerstände in Abschnitt 2.4.2.3 bereits angenommen wurde, kann das Volumenintegral in eine Multiplikation mit dem Volumenwert zusammengefasst werden:

$$W'_{mag,K}(B) = \left(H(B) \cdot B - \int\limits_{0}^{B} H(B^*)\mathrm{d}B^* \right) \cdot l \cdot A \tag{2.114}$$

Für das homogene magnetische Feld im Volumenabschnitt K gelten analog zu den Gleichungen (2.25) und (2.24) folgende Zusammenhänge:

$$H = \frac{V_{mag,K}}{l}, \quad B = \frac{\Phi_K}{A} \quad \Rightarrow \quad \mathrm{d}B = \frac{\mathrm{d}\Phi_K}{A} \tag{2.115}$$

Dabei ist $V_{mag,K}$ der magnetische Spannungsabfall über dem Volumenelement und Φ_K der magnetische Fluss durch das Volumenelement.

Durch die Substitutionen (2.115) lässt sich Gleichung (2.114) für die magnetische Co-Energie in dem Volumenelement mit homogener Flussdichte vereinfachen zu:

$$W'_{mag,K}(\Phi_K) = V_{mag,K}(\Phi_K)\Phi_K - \int\limits_{0}^{\Phi_K} V_{mag,K}(\Phi_K^*)\mathrm{d}\Phi_K^* \tag{2.116}$$

Berücksichtigt man weiterhin die Definition für den magnetischen Widerstand Λ_K eines Volumenelements (Gleichung (2.27)) mit

$$V_{mag,K}(\Phi_K) = \Lambda_K(\Phi_K) \cdot \Phi_K \tag{2.117}$$

so ergibt sich für die Co-Energie in einem magnetischen Widerstand:

$$W'_{mag,K}(\Phi_K) = \Lambda_K(\Phi_K) \cdot \Phi_K^2 - \int\limits_{0}^{\Phi_K} \Lambda_K(\Phi_K^*) \cdot \Phi_K^*\mathrm{d}\Phi_K^* \tag{2.118}$$

Da die Funktion $\Lambda(\Phi)$ für jeden der magnetischen Einzelwiderstände analytisch vorliegt, kann auch für einen beliebigen Systemzustand die Co-Energie anhand der Gleichung 2.118 berechnet werden. In den einzelnen magnetischen Widerständen bildet sich somit jeweils folgende Co-Energie aus:

$$
\begin{aligned}
W'_{mag,SZa} &= \frac{\alpha_{SZ}}{2} \cdot (\Phi_4 + \Phi_5)^2 + \frac{13 \cdot \beta_{SZ}}{14} \cdot (\Phi_4 + \Phi_5)^{14} \\[4pt]
W'_{mag,SZb} &= \frac{\alpha_{SZ}}{2} \cdot \Phi_5^2 + \frac{13 \cdot \beta_{SZ}}{14} \cdot \Phi_5^{14} \\[4pt]
W'_{mag,SZc} &= \frac{\alpha_{SZ}}{2} \cdot \Phi_4^2 + \frac{13 \cdot \beta_{SZ}}{14} \cdot \Phi_4^{14} \\[4pt]
W'_{mag,SJ1} &= \frac{\alpha_{SJ}}{2} \cdot (\Phi_1 + \Phi_5)^2 + \frac{13 \cdot \beta_{SJ}}{14} \cdot (\Phi_1 + \Phi_5)^{14} \\[4pt]
W'_{mag,SJ2} &= \frac{\alpha_{SJ}}{2} \cdot (\Phi_1 - \Phi_4)^2 + \frac{13 \cdot \beta_{SJ}}{14} \cdot (\Phi_1 - \Phi_4)^{14} \\[4pt]
W'_{mag,SJ3} &= \frac{\alpha_{SJ}}{2} \cdot \Phi_1^2 + \frac{13 \cdot \beta_{SJ}}{14} \cdot \Phi_1^{14} \\[4pt]
W'_{mag,da} &= \frac{\Lambda_d}{2} \cdot (\Phi_3 + \Phi_4 + \Phi_5 + \Phi_6)^2 \\[4pt]
W'_{mag,db} &= \frac{\Lambda_d}{2} \cdot \Phi_7^2 \\[4pt]
W'_{mag,dc} &= \frac{\Lambda_d}{2} \cdot (\Phi_3 + \Phi_4 + \Phi_5 + \Phi_6 + \Phi_7)^2 \\[4pt]
W'_{mag,N1} &= \frac{\Lambda_N}{2} \cdot \Phi_6^2 \\[4pt]
W'_{mag,N2} &= \frac{\Lambda_N}{2} \cdot \Phi_3^2 \\[4pt]
W'_{mag,N3} &= \frac{\Lambda_N}{2} \cdot (\Phi_5 + \Phi_6 + \Phi_7)^2 \\[4pt]
W'_{mag,RJ1} &= \frac{\Lambda_{RJ}}{2} \cdot (\Phi_2 + \Phi_3 + \Phi_4 + \Phi_5 + \Phi_6)^2 \\[4pt]
W'_{mag,RJ2} &= \frac{\Lambda_{RJ}}{2} \cdot \Phi_2^2 \\[4pt]
W'_{mag,RJ3} &= \frac{\Lambda_{RJ}}{2} \cdot (\Phi_2 + \Phi_3 + \Phi_4 + \Phi_5 + \Phi_6 + \Phi_7)^2
\end{aligned}
\tag{2.119}
$$

Aufgrund der Komplexität des magnetischen Netzwerkes ist es nicht möglich, die magnetische Co-Energie des Gesamtmodells als Funktion der Ströme $I_{a,b,c}$ und der Rotorlage φ_{mech} analytisch zu ermitteln. Allerdings werden in anderen Submodellen (Block 2 und 3) bereits die Flüsse durch die einzelnen Widerstände des Netzwerkes iterativ bestimmt. Durch die Flüsse der Einzelwiderstände Λ kann die Co-Energie des Gesamtsystems als Summe der Einzel-Co-Energien gebildet werden. Dabei muss beachtet werden, dass das magnetische Netzwerk nur eine elektrische Umdrehung der Maschine repräsentiert. Um die Gesamt-Co-Energie zu erhalten, muss die Summe mit der Polpaarzahl z_p multipliziert werden.:

$$W'_{mag}(\underline{\Phi}, \varphi_{mech}) = z_p \cdot \sum W'_{mag,\Lambda}(\Phi_\Lambda) \tag{2.120}$$

Die Co-Energie des Gesamtmodells berechnet sich damit nach:

$$\begin{aligned}
W'_{mag} =\ & z_p \cdot \big(W'_{mag,SZa} + W'_{mag,SZb} + W'_{mag,SZc} + W'_{mag,SJ1} + W'_{mag,SJ2} + W'_{mag,SJ3} \\
& + W'_{mag,da} + W'_{mag,db} + W'_{mag,dc} + W'_{mag,N1} + W'_{mag,N2} + W'_{mag,N3} \\
& + W'_{mag,RJ1} + W'_{mag,RJ2} + W'_{mag,RJ3} \big)
\end{aligned} \tag{2.121}$$

2.4.2.8. Berechnung des Drehmoments über die magnetische Co-Energie

Eine detailierte Herleitung der Drehmomentberechnung über die magnetische Co-Energie erfolgt in [1].

In diesem Abschnitt wird beschrieben, wie sich aus den magnetischen Flüssen $\underline{\Phi}(\varphi_{mech})$ des magnetischen Netzwerkes zum Simulationszeitpunkt und den Flüssen für eine differenziell veränderte Rotorlage $\underline{\Phi}(\varphi_{mech}+\delta)$ das Drehmoment der Maschine berechnen lässt.

Ausgangspunkt der Drehmomentberechnung ist eine Leistungsbilanz des Systems Synchronmaschine. Das System wird als verlustfrei betrachtet. Alle Verluste (mechanische Reibung, elektrischer Widerstand etc.) werden mathematisch vom System abgespaltet und können separat betrachtet werden. Auch die mechanisch gespeicherte kinetische Energie des Systems kann einer externen Trägheit J_{Motor} zugeschrieben werden. Abbildung 2.10 illustriert die Systemgrenzen der Leistungsbilanz. Die elektrische Leistung $P_{el,\Psi}$ teilt sich im verlustfreien System Synchronmaschine in mechanisch abgegebene Leistung P_{mech} und in eine Änderung der im System gespeicherten magnetischen Energie W_{mag} auf:

$$P_{el,\Psi} = P_{mech} + \frac{\mathrm{d}W_{mag}}{\mathrm{d}t} \tag{2.122}$$

Die elektrische Leistung $P_{el,\Psi}$ aus Gleichung (2.122) ergibt sich aus dem Produkt der Ströme I_a, I_b, I_c und den Spannungen $U_{\Psi a}$, $U_{\Psi b}$, $U_{\Psi c}$ in allen drei Phasen (Gleichung (2.123)). Die elektrischen Spannungen im magnetischen System lassen sich als Änderungen der Flussverkettungen Ψ_a, Ψ_b und Ψ_c beschreiben (Gleichung (2.124)).

$$\begin{aligned}
P_{el,\Psi} &= I_a \cdot U_{\Psi a} + I_b \cdot U_{\Psi b} + I_c \cdot U_{\Psi c} \tag{2.123} \\
&= I_a \cdot \frac{\mathrm{d}\Psi_a}{\mathrm{d}t} + I_b \cdot \frac{\mathrm{d}\Psi_b}{\mathrm{d}t} + I_c \cdot \frac{\mathrm{d}\Psi_c}{\mathrm{d}t} \tag{2.124}
\end{aligned}$$

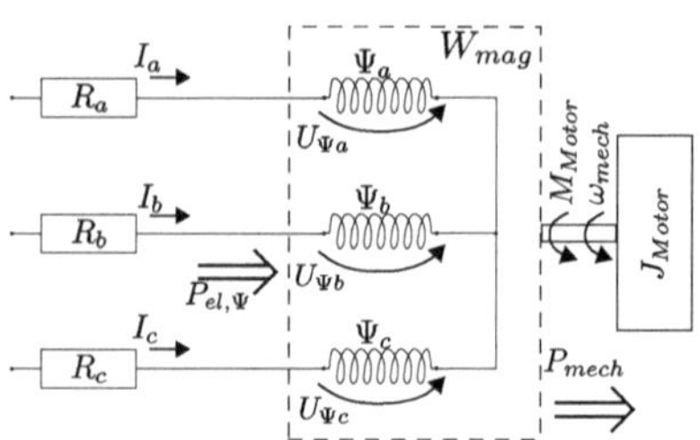

Abbildung 2.10.: Systemgrenzen der Leistungsbilanz

Der Spannungsabfall über den ohmschen Widerständen ist dabei nicht relevant, da diese vom magnetischen System separiert sind. Die Spannungen $U_{\Psi a}$, $U_{\Psi b}$ und $U_{\Psi c}$ entsprechen also nicht direkt den Strangspannungen U_a, U_b und U_c der Maschine. Aus dem selben Grund trägt auch die elektrische Leistung den Index „Ψ".

Die mechanisch abgegebene Leistung P_{mech} des Systems berechnet sich nach Gleichung (2.125) aus dem Produkt des Motormoments M_{Motor} und der mechanischen Winkelgeschwindigkeit ω_{mech}.

$$P_{mech} = M_{Motor} \cdot \omega_{mech} \tag{2.125}$$

$$= M_{Motor} \cdot \frac{\mathrm{d}\varphi_{mech}}{\mathrm{d}t} \tag{2.126}$$

Die mechanische Winkelgeschwindigkeit kann als Änderung des mechanischen Winkels φ_{mech} beschrieben werden (Gleichung 2.126).

Setzt man die Gleichungen (2.124) und (2.126) in (2.122) ein, so erhält man das totale Differenzial der magnetischen Energie in der Maschine beziehungsweise in dem magnetischen Netzwerk:

$$\mathrm{d}W_{mag}(\Psi_{a,b,c}, \varphi_{mech}) = I_a \cdot \mathrm{d}\Psi_a + I_b \cdot \mathrm{d}\Psi_b + I_c \cdot \mathrm{d}\Psi_c - M \cdot \mathrm{d}\varphi_{mech} \tag{2.127}$$

Damit gilt ausgehend von Gleichung (2.110) für das Differenzial der magnetischen Co-Energie:

$$\mathrm{d}W'_{mag}(I_{a,b,c}, \varphi_{mech}) = \mathrm{d}(I_a \cdot \Psi_a + I_b \cdot \Psi_b + I_c \cdot \Psi_c) - \mathrm{d}W_{mag} \tag{2.128}$$

Setzt man für die magnetische Energie $\mathrm{d}W_{mag}$ in Gleichung (2.128) den Term nach Gleichung (2.127) ein und löst die Klammer nach der Produktregel auf, so erhält man:

$$\begin{aligned}
\mathrm{d}W'_{mag} &= \Psi_a \cdot \mathrm{d}I_a + I_a \cdot \mathrm{d}\Psi_a - I_a \cdot \mathrm{d}\Psi_a + \Psi_b \cdot \mathrm{d}I_b + I_b \cdot \mathrm{d}\Psi_b - I_b \cdot \mathrm{d}\Psi_b \\
&\quad + \Psi_c \cdot \mathrm{d}I_c + I_c \cdot \mathrm{d}\Psi_c - I_c \cdot \mathrm{d}\Psi_c + M \cdot \mathrm{d}\varphi_{mech} \\
&= \Psi_a \cdot \mathrm{d}I_a + \Psi_b \cdot \mathrm{d}I_b + \Psi_c \cdot \mathrm{d}I_c + M \cdot \mathrm{d}\varphi_{mech} \tag{2.129}
\end{aligned}$$

Der Term $\mathrm{d}W'_{mag}(I_{a,b,c}, \varphi_{mech})$ kann als totales Differenzial der Funktion $W'_{mag}(I_{a,b,c}, \varphi_{mech})$ von vier unabhängigen Variablen $I_{a,b,c}, \varphi_{mech}$ auch so dargestellt werden:

$$\mathrm{d}W'_{mag}(I_{a,b,c}, \varphi_{mech}) = \frac{\partial W'_{mag}}{\partial I_a} \cdot \mathrm{d}I_a + \frac{\partial W'_{mag}}{\partial I_b} \cdot \mathrm{d}I_b + \frac{\partial W'_{mag}}{\partial I_c} \cdot \mathrm{d}I_c + \frac{\partial W'_{mag}}{\partial \varphi_{mech}} \cdot \mathrm{d}\varphi_{mech} \quad (2.130)$$

Durch einen Koeffizientenvergleich der Gleichungen (2.129) und (2.130) kann eindeutig folgende Zuordnung abgeleitet werden:

$$\Psi_a = \frac{\partial W'_{mag}}{\partial I_a} \quad (2.131)$$

$$\Psi_b = \frac{\partial W'_{mag}}{\partial I_b} \quad (2.132)$$

$$\Psi_c = \frac{\partial W'_{mag}}{\partial I_c} \quad (2.133)$$

$$M = \frac{\partial W'_{mag}}{\partial \varphi_{mech}} \quad (2.134)$$

Nach dem jeweiligen Lösen des Gleichungssystems in den Blöcken 2 und 3 liegen wie bereits beschrieben sowohl die magnetischen Flüsse $\underline{\Phi}$ für den aktuellen Rotorlagewinkel φ_{mech} (Block 2) als auch für einen differenziell versetzten Winkel $\varphi_{mech} + \delta$ vor. Daraus lässt sich über die Gleichungen (2.119) und (2.121) die magnetische Co-Energie $W'_{mag}(\underline{\Phi}(\varphi_{mech}))$ und $W'_{mag}(\underline{\Phi}(\varphi_{mech} + \delta))$ des Systems in beiden Positionen explizit berechnen.

Nach Gleichung (2.134) kann das Drehmoment der Maschine durch die Differenzierung der Co-Energie nach dem mechanischen Winkel berechnet werden. Die Ableitung der Co-Energie nach dem Rotorwinkel wird numerisch durchgeführt. Dabei ist es wichtig, dass bei der Änderung der Rotorlage die anderen unabhängigen Variablen $(I_{a,b,c})$ konstant bleiben:

$$
\begin{aligned}
M_{Motor} &= \frac{\partial W'_{mag}}{\partial \varphi_{mech}} \\
&\approx \frac{\Delta W'_{mag}}{\Delta \varphi_{mech}}\bigg|_{I_{a,b,c}=konst.} \\
&\approx \frac{W'_{mag}(\underline{\Phi}(\varphi_{mech} + \delta)) - W'_{mag}(\underline{\Phi}(\varphi_{mech}))}{\delta}\bigg|_{I_{a,b,c}=konst.} \quad (2.135)
\end{aligned}
$$

Um die Differenz im Zähler von Gleichung (2.135) bei gleichen Statorströmen zu bilden, muss, wie in Abbildung 2.3 sowie in Abschnitt 2.4.2.5 und 2.4.2.6 beschrieben, das

Gleichungssystem zweimal gelöst werden: Einmal zur Berechnung der Statorströme aus den Statorzahnflüssen beziehungsweise den Flussverkettungen und ein weiteres Mal mit konstant gehaltenen Strömen für einen um δ verdrehten Rotor. Der Wert für δ sollte dabei möglichst klein gewählt werden, ohne dabei die numerische Genauigkeit der Solver zu verletzen. In den hier beschriebenen Simulationen ist

$$\delta = 0.001 \, \text{rad} \tag{2.136}$$

gewählt.

2.5. Simulationsergebnisse und Verifikation des Maschinenmodells

Wie bereits einleitend zur Modellierung der einzelzahnbewickelten permanentmagnet-erregten Synchronmaschine beschrieben, dient das hier entwickelte Maschinenmodell vorrangig zwei Zwecken (Abschnitt: 2.2):

1. als qualitative Grundlage für die Erweiterung des bekannten Grundwellenmodells (siehe Abschnitt 3.3) durch einen Störgrößenansatz für den Entwurf neuer oder erweiterter Regelstrategien und

2. als Prozessmodell zur simulativen Erprobung der verbesserten Regler unter verschiedenen Randbedingungen.

Obwohl die Eigenschaften der Maschine nur qualitativ abgebildet werden sollen, ist für beide Ziele vorerst eine Modellverifikation erforderlich.

Zu 1.: Für die Entwicklung neuer Regelstrategien ist die Analyse von magnetischen Flüssen beziehungsweise Flussverkettungen und ihrer Ableitungen erforderlich. Die messtechnische Erfassung dieser Größen an realen Maschinen ist äußerst aufwendig, was eine Modellverifikation auf dieser Ebene erheblich erschwert. Zur Absicherung der qualitativen Modelleigenschaften wurden aus diesem Grund Vergleiche zu FE-Modellen des selben Maschinentyps angestellt. Diese Vergleiche zeigen eine sehr gute Übereinstimmung beider Modelle auf Ebene der magnetischen Flüsse. Die Modellierung der Maschine als FE-Modell ist weder Teil der Arbeit noch Teil dieses Berichts. Die FE-Modellanalyse und der Vergleich zum hier beschriebenen Maschinenmodell ist zwar Teil der Untersuchung, darf allerdings aus Gründen der Geheimhaltung nicht veröffentlicht werden. Es sei jedoch auf [14] verwiesen, wo eben dieses FE-Maschinenmodell verwendet und nach ähnlichen Gesichtspunkten wie in dieser Arbeit analysiert wird. Die in diesem Kapitel präsentierten Simulationsergebnisse beziehen sich ausschließlich auf die Analyse von Flussverkettungen und ihrer Ableitungen.

Zu 2.: Zur Verifikation des Modells als Prozessmodell für die Erprobung von Regelalgorithmen ist ein Black-Box-Vergleich mit der realen Maschine ausreichend. Bei diesem Vergleich werden die von außen leicht messbaren Signale wie Ströme, Spannungen und Geschwindigkeit evaluiert. In welcher Normierung oder in welchem Koordinatensystem die Signale verglichen werden, spielt keine Rolle. Die Flüsse und Flussverkettungen in der Maschine sind dabei nur durch ihre Wirkung nach außen wichtig und als Gesamteffekt leicht messbar. Es gibt eine Vielzahl von Szenarien, in welchen der Vergleich zwischen Simulation und Realität gezogen werden kann: ungeregelt, stromgeregelt, drehzahlgeregelt, konstante Drehzahl, variable Drehzahl, mit oder ohne Feldschwächung et cetera. Simulationsergebnisse zu diesen Szenarien sind Gegenstand späterer Kapitel, in denen die Einflüsse verschiedener Regelungen in Simulation und Realität verglichen werden. Vorgreifend kann gesagt werden, dass sich auch hier eine sehr gute Übereinstimmung zwischen Simulations- und Messergebnissen zeigt.

Als Indiz für die gute Übereinstimmung von realer Maschine und dem hier vorgestellten Magnetkreismodell werden in den Abbildungen 2.11 die Drehmomentenverläufe in Abhängigkeit vom Querstrom und der Rotorposition gezeigt. Eine qualitative Übereinstimmung beider Verläufe ist deutlich zu erkennen. Beide Verläufe zeigen ein Abflachen des Maschinenmoments sowie das Auftreten einer Momentenwelligkeit (sechs Perioden pro Umdrehung) im Bereich hoher Querströme. Beide Effekte sind im Modell weniger stark ausgeprägt als in der Realität. Dadurch erreicht das Modell ein höheres Maximalmoment und geringer ausgeprägte Momentenwelligkeit als die reale Maschine. Die Abweichungen der Simulationsergebnisse von den Messergebnissen sind für keine der beiden oben genannten Anwendungen kritisch, da das prinzipielle Verhalten gleich ist.

Die im Folgenden vorgestellten Simulationsergebnisse sollen als Grundlage für die Erweiterung des aus der Literatur bekannten Grundwellenmodells dienen. Dazu werden die Flussverkettungen und ihre Ableitungen nach dem Rotorwinkel und den Strömen in feldorientierten Koordinaten ohne Feldschwächung ($I_d = 0$) untersucht.

Es werden die Größen Ψ_d, Ψ_q, $\frac{\partial \Psi_d}{\partial I_d}$, $\frac{\partial \Psi_q}{\partial I_q}$, $\frac{\partial \Psi_d}{\partial I_q}$, $\left(\frac{\partial \Psi_q}{\partial I_d}\right)$, $\frac{\partial \Psi_d}{\partial \varphi_{el}}$ und $\frac{\partial \Psi_q}{\partial \varphi_{el}}$ jeweils in Abhängigkeit des Querstroms I_q über einen Bereich von $-4 \cdot I_{nenn} \leq I_q \leq 4 \cdot I_{nenn}$ und des elektrischen Winkels φ_{el} über eine elektrische Umdrehung gebildet. Der Verlauf von $\frac{\partial \Psi_q}{\partial I_d}$ wird nicht explizit aufgeführt, da gilt:

$$\frac{\partial \Psi_d}{\partial I_q} = \frac{\partial \Psi_q}{\partial I_d} \tag{2.137}$$

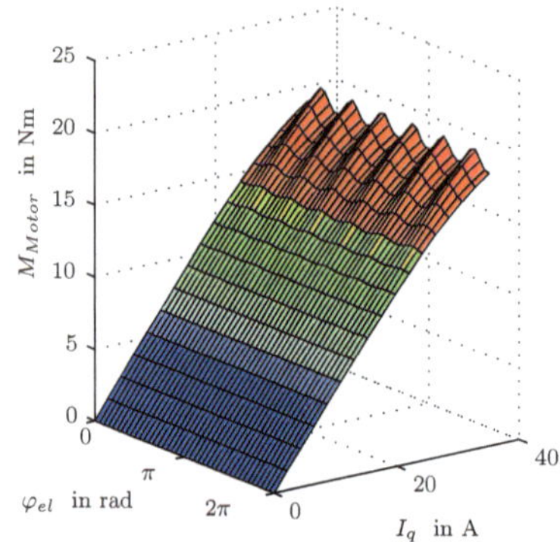

(a) Statischer Momentenverlauf des Maschinenmodells in Abhängigkeit der elektrischen Rotorlage und des Querstroms

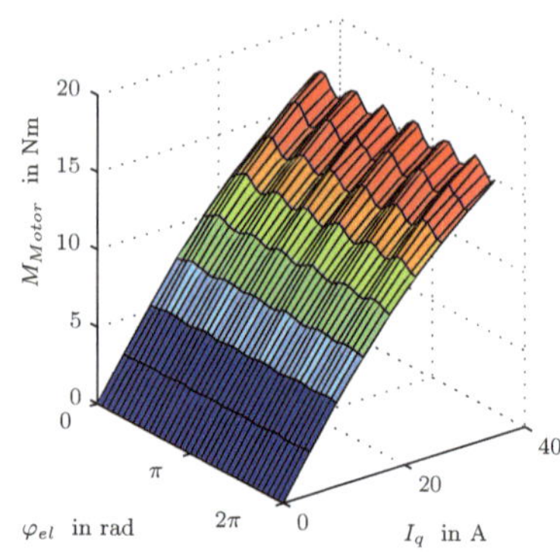

(b) Statischer Momentenverlauf der realen Maschine in Abhängigkeit der elektrischen Rotorlage und des Querstroms

Abbildung 2.11.: Simulierter und gemessener Verlauf des Drehmoments

Dies kann folgendermaßen bewiesen werden: Aus den Betrachtungen für die magnetische Co-Energie sind die Gleichungen (2.131), (2.132) und (2.133) hergeleitet. Aus
diesen Gleichungen und den Transformationsgleichungen in feldorientierte Koordinaten (welche später in Kapitel 3.1 beschrieben werden) können folgende Gleichungen
für die Flussverkettungen der d- und der q-Achse aufgestellt werden:

$$\Psi_d \;=\; \frac{\partial W'_{mag}}{\partial I_d} \tag{2.138}$$

$$\Psi_q \;=\; \frac{\partial W'_{mag}}{\partial I_q} \tag{2.139}$$

Damit folgt für die partiellen Ableitungen der Flussverkettungen:

$$\frac{\partial \Psi_d}{\partial I_q} \;=\; \frac{\partial^2 W'_{mag}}{\partial I_d \cdot \partial I_q} \tag{2.140}$$

$$\frac{\partial \Psi_q}{\partial I_d} \;=\; \frac{\partial^2 W'_{mag}}{\partial I_q \cdot \partial I_d} \tag{2.141}$$

Nach dem Satz von Schwarz [53] lassen sich gemischte partielle Ableitungen von ste-
tigen Funktionen vertauschen. Daraus folgt:

$$\frac{\partial^2 W'_{mag}}{\partial I_d \cdot \partial I_q} = \frac{\partial^2 W'_{mag}}{\partial I_q \cdot \partial I_d} \tag{2.142}$$

und damit gilt (2.137).

Da es sich um eine numerische Simulation handelt, lassen sich die Flussverkettungen nicht analytisch differenzieren. Es werden folgende Vereinfachungen getroffen:

$$\frac{\partial \Psi_d}{\partial I_d} \approx \left. \frac{\Delta \Psi_d}{\Delta I_d} \right|_{I_q, \varphi_{el}=konst.} \tag{2.143}$$

$$\frac{\partial \Psi_q}{\partial I_q} \approx \left. \frac{\Delta \Psi_q}{\Delta I_q} \right|_{I_d, \varphi_{el}=konst.} \tag{2.144}$$

$$\frac{\partial \Psi_d}{\partial I_q} \approx \left. \frac{\Delta \Psi_d}{\Delta I_q} \right|_{I_d, \varphi_{el}=konst.} \tag{2.145}$$

$$\frac{\partial \Psi_d}{\partial \varphi_{el}} \approx \left. \frac{\Delta \Psi_d}{\Delta \varphi_{el}} \right|_{I_d, I_q=konst.} \tag{2.146}$$

$$\frac{\partial \Psi_q}{\partial \varphi_{el}} \approx \left. \frac{\Delta \Psi_q}{\Delta \varphi_{el}} \right|_{I_d, I_q=konst.} \tag{2.147}$$

Die Ergebnisse der einzelnen Simulationen werden zu Datenfeldern zusammengefasst (Abbildungen 2.12(a) bis 2.18(a)) sowie in ihre auf eine elektrische Umdrehung normierten Oberwellenspektren zerlegt (Abbildungen 2.12(b) bis 2.18(b)). Die simulierten Größen werden unter Berücksichtigung der Polpaarzahl $z_p = 4$ gebildet.

Abbildung 2.12(a) zeigt den Verlauf der Längsflussverkettung Ψ_d in Abhängigkeit des Querstroms I_q und der Rotorlage φ_{el}. Man erkennt deutlich, dass im Bereich kleiner magnetischer Sättigung (bei geringem Querstrom) die Längsflussverkettung nahezu strom- und lageunabhängig ist. In diesem Bereich repräsentiert diese Flussverkettung das durch die Permanentmagnete des Rotors hervorgerufene magnetische Feld Ψ_R, welches als Nominalwert im Grundwellenmodell verwendet und unter anderem zur Berechnung der Drehmomentkonstante benötigt wird. Bei hohem Querstrom sättigt sich das Eisen der Maschine lokal und das Längsfeld wird je nach Rotorlage mehr oder weniger geschwächt.

Abbildung 2.12(b) gibt das auf eine elektrische Umdrehung normierte querstromabhängige Oberwellenspektrum der Längsflussverkettung wieder. Der Gleichanteil (0. Ordnung) des Signals ist bei geringen Querströmen (keine magnetische Sättigung) konstant und fällt dann bei höheren Querströmen ab. Im Oberwellenspektrum finden sich ausschließlich Vielfache der sechsten Harmonischen (6. Ordnung, 12. Ordnung, usw.), welche bei geringen Querströmen nahezu inexistent sind, für steigende Querströme jedoch zunehmen.

Das Diagramm 2.13(a) illustriert die Querflussverkettung Ψ_q in Abhängigkeit des Querstroms I_q und der Rotorlage φ_{el}. Für einen geringen Querstrom verhält sich die Querflussverkettung annähernd Querstromproportional. Der Proportionalitätsfaktor in Quer-

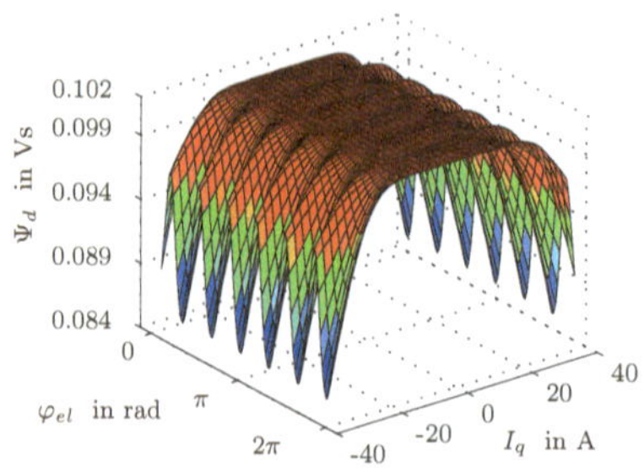

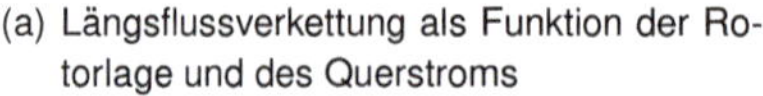

(a) Längsflussverkettung als Funktion der Rotorlage und des Querstroms

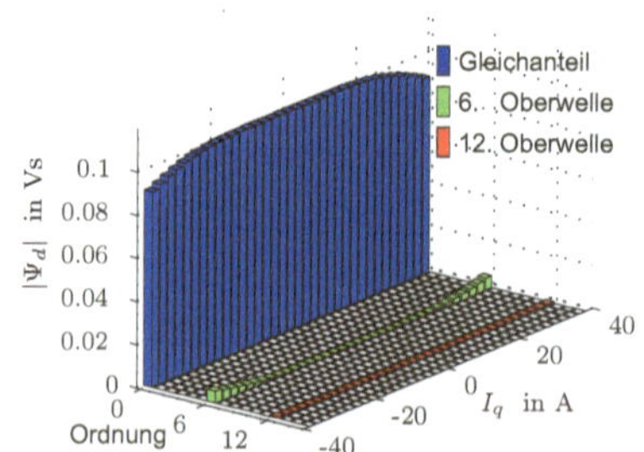

(b) Spektrum der Längsflussverkettung als Funktion des Querstroms

Abbildung 2.12.: Simulation der Längsflussverkettung

stromrichtung entspricht in diesem Bereich der Querinduktivität L_q. Bei einem hohen Querstrom macht sich eine Welligkeit des Signalverlaufs in Richtung der Rotorlage bemerkbar. Dies wird auch im Spektrum 2.13(b) des Signalverlaufs deutlich. Die Amplitude der sechsten und der zwölften Oberwelle nehmen mit dem Querstrom zu, während der Gleichanteil des Signals an Steilheit verliert.

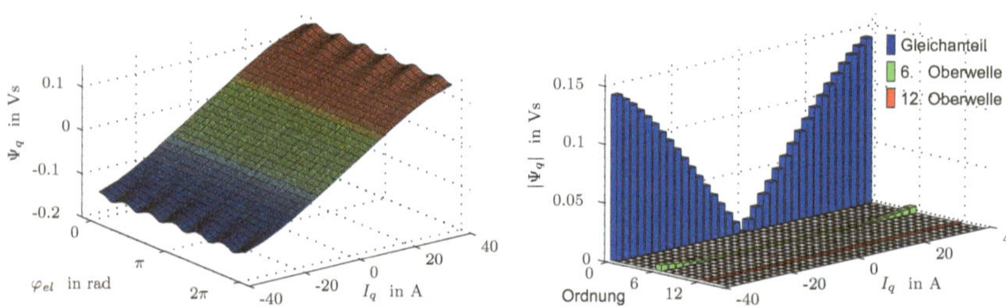

(a) Querflussverkettung als Funktion der Rotorlage und des Querstroms

(b) Spektrum der Querflussverkettung als Funktion des Querstroms

Abbildung 2.13.: Simulation der Querflussverkettung

Der Graph 2.14(a) zeigt die Größe $\frac{\partial \Psi_d}{\partial I_d}$ als Funktion des Querstroms und der Rotorlage. Im Bereich geringer Sättigung entspricht die nahezu konstante Größe der Längsinduktivität L_d des Grundwellenmodells. Bei hohem Querstrom macht sich die lokale magnetische Sättigung in dem Maschinenmodell dahingehend bemerkbar, dass der Gleichanteil des Signals fällt, während der Oberwellengehalt steigt. Dies wird auch im querstromabhängigen Signalspektrum 2.14(b) deutlich.

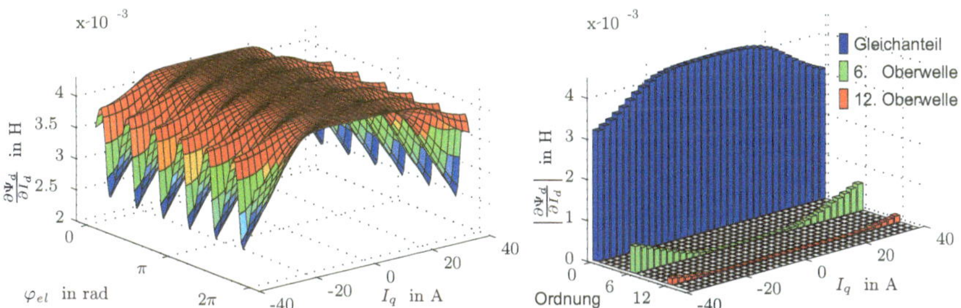

(a) Längsinduktivität als Funktion der Rotorlage und des Querstroms

(b) Spektrum der Längsinduktivität als Funktion des Querstroms

Abbildung 2.14.: Simulation der Längsinduktivität

Ähnlich wie beim zuvor dargestellten Signalverlauf verhält es sich auch mit der Größe $\frac{\partial \Psi_q}{\partial I_q}$ in Abbildung 2.15(a). Der horizontale Bereich bei geringem Querstrom entspricht der Querinduktivität L_q. Wie in der Spektraldarstellung 2.15(b) deutlich wird, sinkt der Gleichanteil bei hohem Querstrom und die Amplituden der sechsten und zwölften Harmonischen steigen an.

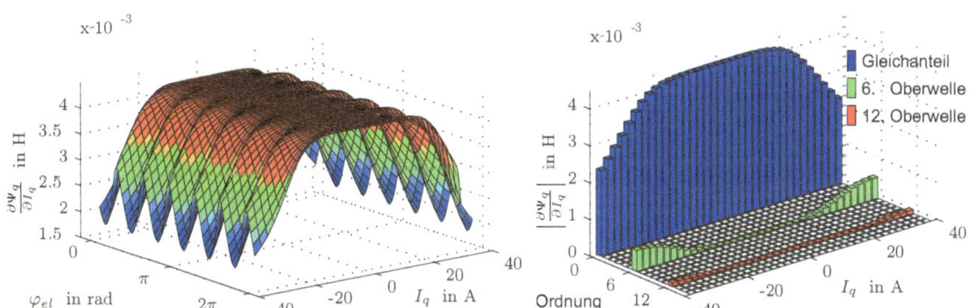

(a) Querinduktivität als Funktion der Rotorlage und des Querstroms

(b) Spektrum der Querinduktivität als Funktion des Querstroms

Abbildung 2.15.: Simulation der Querinduktivität

Abbildung 2.16(a) beschreibt die Kopplung zwischen Längs- und Querachse $\frac{\partial \Psi_d}{\partial I_q} = \frac{\partial \Psi_q}{\partial I_d}$. Fließt nur ein kleiner Querstrom, so wird das Eisen der Maschine kaum gesättigt und das Signal hat weder Gleichanteil noch Oberwellen. Hier entspricht das Signal der Koppelinduktivität L_{dq}, welche im Grundwellenmodell mit linearem Materialverhalten immer Null ist (Nebendiagonale der Induktivitätsmatrix). Bei steigendem Querstrom tritt jedoch sowohl im Gleichanteil als auch im Oberwellengehalt eine zunehmende Kopplung zwischen Längs- und Querzweig auf, was auch im Signalspektrum 2.16(b) zu erkennen ist. Dieser Effekt wird häufig als Kreuzsättigung bezeichnet.

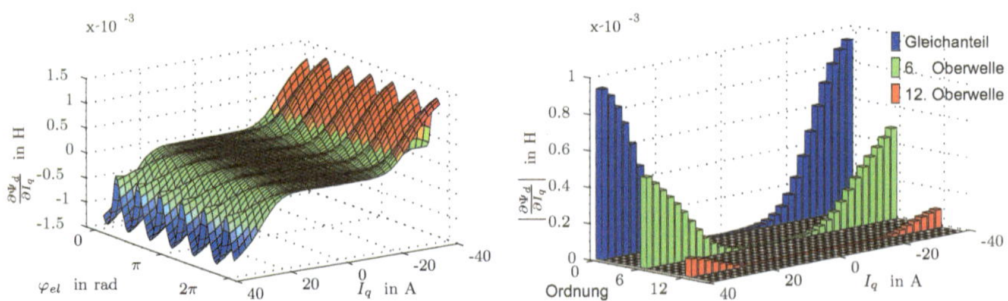

(a) Koppelinduktivität als Funktion der Rotorlage und des Querstroms

(b) Spektrum der Koppelinduktivität als Funktion des Querstroms

Abbildung 2.16.: Simulation der Koppelinduktivität

Der Graph 2.17(a) zeigt die Rotorlageabhängigkeit der Längsflussverkettung. Ohne magnetische Sättigung ist die Längsflussverkettung nicht rotorlageabhängig. Im Sinne des Grundwellenmodells existiert diese Abhängigkeit auch nicht. Durch die Berücksichtigung der durch die Sättigung hervorgerufenen Oberwellen (Spektrum 2.17(b)) können jedoch deutlich die sechste und die zwölfte Harmonische abgebildet werden. Ein Gleichanteil in dieser Funktion hätte die Bedeutung, dass allein durch die Rotation des Maschinenrotors eine Erhöhung der Längsflussverkettung auftreten würde. Da dies unabhängig von magnetischer Sättigung kein nachvollziehbares Phänomen wäre, ist auch das Verschwinden des Signalgleichanteils sinnvoll.

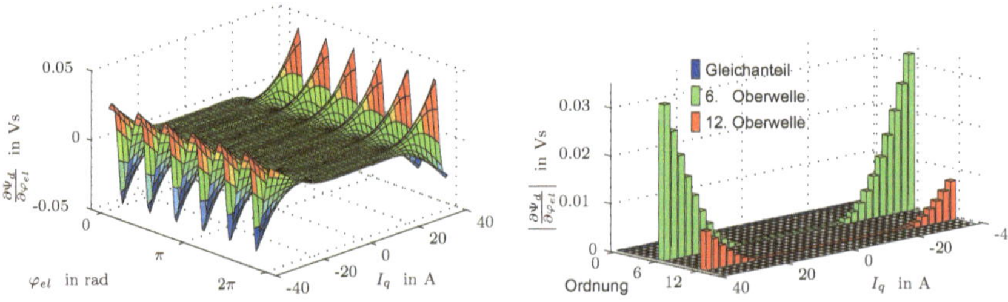

(a) Rotorlagebezogene Längsflussverkettungsänderung als Funktion der Rotorlage und des Querstroms

(b) Spektrum der rotorlagebezogenen Längsflussverkettungsänderung als Funktion des Querstroms

Abbildung 2.17.: Simulation der rotorlagebezogenen Längsflussverkettungsänderung

Analog zum zuvor besprochenen Verlauf (Diagramm 2.17) verhält sich auch der Verlauf der Rotorlageabhängigkeit der Querflussverkettung in Abbildung 2.18(a). Die im Allgemeinen gleichanteilsfreie Funktion ist bei kleinen Querströmen nahezu Null und erhält erst durch magnetische Sättigung einen Oberwellenanteil. Dieser Oberwellenanteil wird in Abbildung 2.18(b) dargestellt.

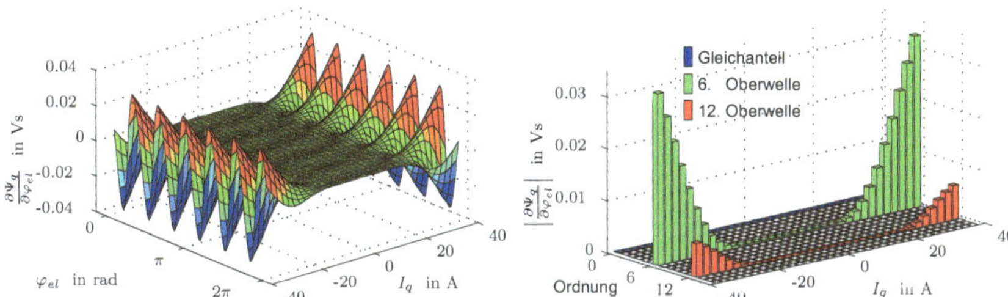

(a) Rotorlagebezogene Querflussverkettungsänderung als Funktion der Rotorlage und des Querstroms

(b) Spektrum der rotorlagebezogenen Querflussverkettungsänderung als Funktion des Querstroms

Abbildung 2.18.: Simulation der rotorlagebezogenen Querflussverkettungsänderung

Besonders auffällig in den hier vorgestellten Simulationsergebnissen ist die Tatsache, dass nur durch sechs teilbare Oberwellen auftreten. In [13, 15, 21] wird das Auftreten von Harmonischen in der Durchflutungsverteilung beziehungsweise im Luftspaltfeld beschrieben. Die Ausführungen beziehen sich dabei auf Oberwellen im statorfesten Koordinatensystem. Es treten ausschließlich Oberwellen der Ordnungen -5, 7, -11, 13 (und so weiter) auf. Durch die Transformation der Ströme und Flussverkettungen in ein rotorfestes Koordinatensystem, werden die Oberwellen der Ordnungen -5 und 7 auf die Ordnung 6 im rotorfesten System projeziert. Die Oberwellen der Ordnungen -11 und 13 werden durch die Transformation zur Ordnung 12 im rotorfesten System [13, 15]. Die sechste und zwölfte Oberwelle in rotorfesten Koordinaten haben somit ihren Ursprung in Oberwellen der Ordnungen -5, 7, -11, 13 in statorfesten Koordinaten.

Durch eine Rotorbewegung – also durch eine Lageänderung – werden ortsabhängige Größen, wie die in diesem Abschnitt vorgestellten Flussverkettungen, zu zeitabhängigen Signalen. Aus der sechsten Oberwelle (ortsabhängig) wird somit durch Rotation die sechste Oberschwingung beziehungsweise die sechste Harmonische. Bei konstanter Rotordrehzahl hat auch die sechste Harmonische eine konstante Frequenz. Ändert sich die Rotordrehzahl der Maschine, ändern sich auch die Frequenzen der Harmonischen.

2.5.1. Nominalparameter des Maschinenmodells

Aus den Simulationsergebnissen lassen sich die klassischen elektrischen Maschinen-parameter ableiten. Wie bereits im vorhergehenden Abschnitt gezeigt, sind aufgrund der modellierten Nichtlinearität einige dieser Parameter abhängig von den Strömen und der Rotorlage der Maschine. Für die Berechnung von Reglerparametern werden meist die Nominalparameter der idealisierten Maschine (linear) im stromlosen Zustand beziehungsweise im Nennbereich ermittelt:

$$L_d = 4.2 \ \mathrm{mH} \quad \text{Längsinduktivität} \tag{2.148}$$

$$L_q = 4.2 \ \mathrm{mH} \quad \text{Querinduktivität} \tag{2.149}$$

$$R = 0.9 \ \Omega \quad \text{Wicklungswiderstand} \tag{2.150}$$

$$\Psi_R = 0.102 \ \mathrm{Vs} \quad \text{Rotorflussverkettung pro Polpaar} \tag{2.151}$$

Diese Parameter können auch aus den Abbildungen 2.12 bis 2.18 abgelesen werden und beinhalten bereits die Polpaarzahl $z_p = 4$. Die korrespondierenden Wicklungen der 4 Elementarmaschinen werden als Parallelschaltung berücksichtigt. Die für die Einstellung des Geschwindigkeitsreglers notwendigen Parameter sind:

$$J_{Motor} = 0.33 \ \mathrm{g} \cdot \mathrm{m}^2 \quad \text{Rotorträgheit} \tag{2.152}$$

$$k_M = \tfrac{3}{2} \cdot z_p \cdot \Psi_R = 0.612 \ \mathrm{Nm/A} \quad \text{Drehmomentkonstante} \tag{2.153}$$

Im Vergleich dazu werden hier noch die Nominalparameter der realen Maschine aufgelistet. Sie werden mit einem Multimeter direkt an den Maschinenklemmen gemessen.

$$L_d = 5.2 \ \mathrm{mH} \quad \text{Längsinduktivität} \tag{2.154}$$

$$L_q = 5.8 \ \mathrm{mH} \quad \text{Querinduktivität} \tag{2.155}$$

$$R = 0.9 \ \Omega \quad \text{Wicklungswiderstand} \tag{2.156}$$

$$\tag{2.157}$$

$$J_{Motor} = 0.33 \ \mathrm{g} \cdot \mathrm{m}^2 \quad \text{Rotorträgheit} \tag{2.158}$$

$$k_M = \tfrac{3}{2} \cdot z_p \cdot \Psi_R = 0.63 \ \mathrm{Nm/A} \quad \text{Drehmomentkonstante} \tag{2.159}$$

Dabei sind der Wicklungswiderstand (2.150) und das Trägheitsmoment (2.152) des Modells direkt aus den Daten der realen Maschine (2.156) und (2.158) übernommen. Vergleicht man die Induktivitäten und die Drehmomentkonstante zwischen Maschinenmodell und realer Maschine, ist dies ein Indiz für die Güte des Modells im Nennbereich der Maschine (keine Sättigung).

3. Erweiterung des Grundwellenmodells um einen Oberwellenansatz

Das in Kapitel 2 beschriebene Maschinenmodell auf Basis des magnetischen Netzwerkes ist in seiner bisherigen Form nicht geeignet, um daraus direkt Regelstrategien abzuleiten. Zu diesem Zweck wird in diesem Kapitel durch eine Modellabstraktion des Netzwerkmodells ein Differenzialgleichungssystem der Maschine hergeleitet, aus welchem direkt ein Reglerentwurf abgeleitet werden kann. Ausgangspunkt für diese Modellabstraktion ist das Differenzialgleichungssystem eines allgemeinen (nichtlinearen) dreiphasigen Drehstromverbrauchers mit ohmschen und induktiven Eigenschaften. Dieses Gleichungssystem beschreibt somit auch die Eigenschaften einer Synchronmaschine. Da sich dieser Ausgangspunkt auch in nahezu allen Standardwerken über elektrische Maschinen [1, 7–9] finden lässt, schlägt dieses Kapitel zusätzlich eine Brücke zwischen der bekannten Maschinentheorie und dem im Zuge dieser Arbeit neu hergeleiteten Ansatz in Abschnitt 3.3.

Das allgemeine Gleichungssystem wird zuerst durch die bekannten Koordinatentransformationen in ein rotorfestes Koordinatensystem überführt. Dabei ist besonders zu beachten, dass während dieser Transformation keinerlei Annahmen bezüglich der Linearität der magnetischen Maschineneigenschaften getroffen werden. Aus diesem Grund werden keine Induktivitätsmatrizen aufgestellt, sondern es wird ausschließlich mit Flussverkettungen gerechnet.

In einem weiteren Schritt wird das in feldorientierten Koordinaten notierte allgemeine Differenzialgleichungssystem der Maschine über partielle Differenziation in verschiedene Terme unterteilt. Für diese Terme werden ausgehend von den Simulationsergebnissen des Netzwerkmodells (Abschnitt 2.5) Oberwellenansätze getroffen. Dieses Maschinenmodell mit Oberwellenansätzen dient im folgenden Kapitel zum direkten Reglerentwurf. Es stellt nach dem Maschinenmodell (Kapitel 2) den zweiten wissenschaftlichen Beitrag dieser Arbeit dar.

3.1. Die permanentmagneterregte Synchronmaschine als allgemeiner ohmscher-induktiver Verbraucher in feldorientierten Koordinaten

Das allgemeine Differenzialgleichungssystem für einen Drehstromverbraucher mit ohmschen und induktiven Eigenschaften in statorfesten Koordinaten lautet [7, Gleichung 6.3]:

$$\underline{U_S} = \underline{\underline{R}} \cdot \underline{I_S} + \frac{\mathrm{d}}{\mathrm{dt}} \underline{\Psi_S} \left(\underline{I_S}, \varphi_{el} \right) \tag{3.1}$$

Dabei gilt:

$$\underline{U_S} = \begin{bmatrix} U_a \\ U_b \\ U_c \end{bmatrix}, \ \underline{I_S} = \begin{bmatrix} I_a \\ I_b \\ I_c \end{bmatrix}, \ \underline{\Psi_S} = \begin{bmatrix} \Psi_a \left(I_a, I_b, I_c, \varphi_{el} \right) \\ \Psi_b \left(I_a, I_b, I_c, \varphi_{el} \right) \\ \Psi_c \left(I_a, I_b, I_c, \varphi_{el} \right) \end{bmatrix}, \ \underline{\underline{R}} = \begin{bmatrix} R_a & 0 & 0 \\ 0 & R_b & 0 \\ 0 & 0 & R_c \end{bmatrix} \tag{3.2}$$

Die Vektoren und die Matrix in Gleichung (3.2) sind im Allgemeinen zeitlich veränderlich. Abbildung 3.1(a) skizziert einen solchen allgemeinen Verbraucher. Für die Modellierung wird die Vereinfachung getroffen, dass alle Strangwiderstände (R_a, R_b, R_c) gleich und konstant sind (Gleichung (3.3)). Der algebraische Zusammenhang zwischen den jeweiligen Flussverkettungen $\Psi_{a,b,c}$ und den Strangströmen $I_{a,b,c}$ sowie der Rotorlage φ_{el} setzt weiterhin die Annahmen voraus, dass das Eisen der Maschine keine Hystereseeffekte besitzt, dass sich das magnetische Feld in der Maschine unendlich schnell ausbreitet und dass sich keine Wirbelströme im Eisen bilden.

Da der Sternpunkt des Verbrauchers nicht angeschlossen ist, gilt nach dem Kirchhoffschen Gesetz weiterhin, dass die Summe der Strangströme Null ergibt (Gleichung (3.4)).

$$R_a = R_b = R_c \ = \ R \tag{3.3}$$

$$I_a + I_b + I_c \ = \ 0 \tag{3.4}$$

$$\Phi_{SZa} + \Phi_{SZb} + \Phi_{SZc} \ = \ 0 \tag{3.5}$$

$$U_a + U_b + U_c \ = \ 0 \tag{3.6}$$

Abbildung 3.1(b) zeigt den Querschnitt des Stators einer einzelzahnbewickelten Maschine mit der Polpaarzahl $z_p = 1$ und schematisch die Pfade des magnetischen Flusses. Nach den Maxwellschen Gleichungen ist die magnetische Flussdichte und somit auch der magnetische Fluss quellenfrei. Folglich ist die Summe der magnetischen Flüsse (Φ_{SZa}, Φ_{SZb}, Φ_{SZc}), welche jeweils die Statorspulen a, b und c durchfließen,

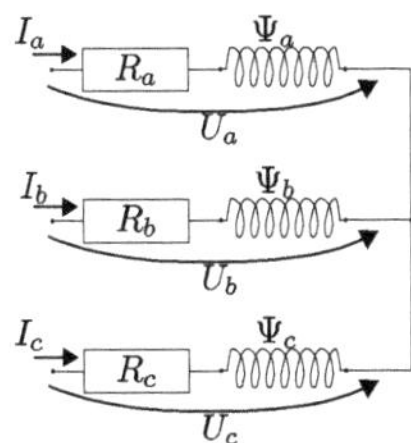 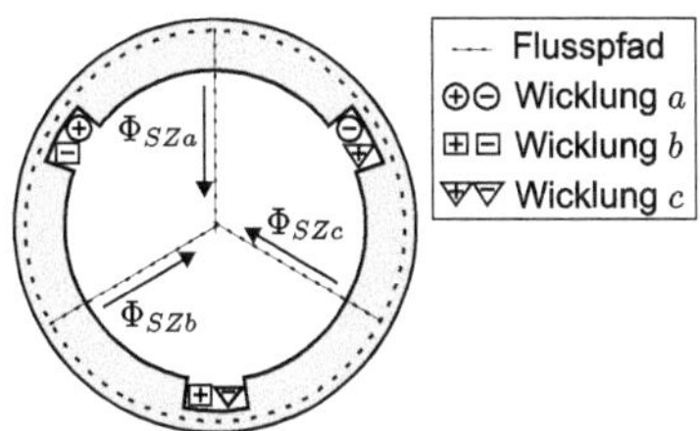

(a) Allgemeiner dreiphasiger ohmscher - induktiver Drehstromverbraucher

(b) Flusspfade im Querschnitt des Stators einer einzelzahnbewickelten Maschine mit Polpaarzahl $z_p = 1$

Abbildung 3.1.: Einzelzahnbewickelte Maschine als Drehstromverbraucher

gleich null (Gleichung (3.5)). Besitzen die Statorspulen a, b und c eine identische Windungszahl, wovon im Folgenden ausgegangen wird, sind auch die Summe der Flussverkettungen sowie die Summe ihrer zeitlichen Ableitungen gleich Null. Daraus folgt, dass auch die Summe der Strangspannungen (U_a, U_b, U_c) gleich Null ist (Gleichung (3.6)). Die Summe der Strangspannungen (Gleichung 3.6) wird null, wenn

1. alle Stränge den gleichen ohmschen Widerstand besitzen (entspricht Gl. 3.3) und

2. die Summe der Flussverkettungen Null ist ($\Psi_a + \Psi_b + \Psi_c = 0$).

In dem Differenzialgleichungssystem (3.1) sowie in den folgenden Herleitungen werden allgemein Flussverkettungen Ψ aufgeführt, welche nicht durch Induktivitäten und Koppelinduktivitäten ersetzt werden. Damit gelten die Gleichungen auch für den nichtlinearen Fall der magnetischen Sättigung.

Das Differenzialgleichungssystem (3.1) lässt sich unter den Annahmen (3.3) bis (3.6) durch eine strom- und spannungsinvariante Transformation in ein festes, rechtwinkliges Koordinatensystem transformieren. Eine ausführliche Herleitung dieser Transformation durch Raumzeiger findet sich in [2, 4, 5, 7, 8].

$$\underline{U_S} = \underline{\underline{T_1}} \cdot \underline{U_{\alpha,\beta}} \tag{3.7}$$

$$\underline{I_S} = \underline{\underline{T_1}} \cdot \underline{I_{\alpha,\beta}} \tag{3.8}$$

$$\underline{\Psi_S}\left(\underline{I_S}, \varphi_{el}\right) = \underline{\underline{T_1}} \cdot \underline{\Psi_{\alpha,\beta}}\left(\underline{I_{\alpha,\beta}}, \varphi_{el}\right) \tag{3.9}$$

Da zwischen den Strangströmen $I_{a,b,c}$ und den transformierten Strömen $I_{\alpha,\beta}$ eine eineindeutige Beziehung besteht (Gleichung 3.8), werden auch die Ströme im Argument der Flussverkettung in das neue Koordinatensystem überführt. Dabei gilt:

$$\underline{U_{\alpha,\beta}} = \begin{bmatrix} U_\alpha \\ U_\beta \end{bmatrix}, \quad \underline{I_{\alpha,\beta}} = \begin{bmatrix} I_\alpha \\ I_\beta \end{bmatrix}, \quad \underline{\Psi_{\alpha,\beta}} = \begin{bmatrix} \Psi_\alpha\left(I_\alpha, I_\beta, \varphi_{el}\right) \\ \Psi_\beta\left(I_\alpha, I_\beta, \varphi_{el}\right) \end{bmatrix} \tag{3.10}$$

$$\underline{\underline{T_1}} = \begin{bmatrix} 1 & 0 \\ -\frac{1}{2} & \frac{\sqrt{3}}{2} \\ -\frac{1}{2} & -\frac{\sqrt{3}}{2} \end{bmatrix} \tag{3.11}$$

$$\underline{\underline{invT_1}} = \begin{bmatrix} 1 & 0 & 0 \\ 0 & \frac{1}{\sqrt{3}} & -\frac{1}{\sqrt{3}} \end{bmatrix} \tag{3.12}$$

$$\underline{\underline{invT_1}} \cdot \underline{\underline{T_1}} = \begin{bmatrix} 1 & 0 \\ 0 & 1 \end{bmatrix} \tag{3.13}$$

$$\underline{\underline{R_2}} = \begin{bmatrix} R & 0 \\ 0 & R \end{bmatrix} \tag{3.14}$$

Mit einem isolierten Sternpunkt der Maschine kann die Nullkomponente bei der Transformation (3.11) und (3.12) vernachlässigt werden. Setzt man die Gleichungen (3.7) bis (3.9) in das Differenzialgleichungssystem (3.1) ein, erhält man:

$$\underline{\underline{T_1}} \cdot \underline{U_{\alpha,\beta}} = \underline{\underline{R}} \cdot \underline{\underline{T_1}} \cdot \underline{I_{\alpha,\beta}} + \frac{\mathrm{d}}{\mathrm{d}t}\left(\underline{\underline{T_1}} \cdot \underline{\Psi_{\alpha,\beta}}\right) \tag{3.15}$$

$$\underline{U_{\alpha,\beta}} = \underline{\underline{invT_1}} \cdot \underline{\underline{R}} \cdot \underline{\underline{T_1}} \cdot \underline{I_{\alpha,\beta}} + \frac{\mathrm{d}}{\mathrm{d}t}\underline{\Psi_{\alpha,\beta}}$$

$$= \underline{\underline{R_2}} \cdot \underline{I_{\alpha,\beta}} + \frac{\mathrm{d}}{\mathrm{d}t}\underline{\Psi_{\alpha,\beta}}\left(\underline{I_{\alpha,\beta}}, \varphi_{el}\right) \tag{3.16}$$

Durch eine weitere Transformation wird das System (3.16) in ein mit dem Winkel $\varphi_{el}(t)$ rotierendes Koordinatensystem überführt [2, 4, 5, 7, 8]:

$$\underline{U_{\alpha,\beta}} = \underline{\underline{T_2}}(t) \cdot \underline{U_{d,q}} \tag{3.17}$$

$$\underline{I_{\alpha,\beta}} = \underline{\underline{T_2}}(t) \cdot \underline{I_{d,q}} \tag{3.18}$$

$$\underline{\Psi_{\alpha,\beta}}\left(\underline{I_{\alpha,\beta}}, \varphi_{el}\right) = \underline{\underline{T_2}}(t) \cdot \underline{\Psi_{d,q}}\left(\underline{I_{d,q}}, \varphi_{el}\right) \tag{3.19}$$

Die Beziehung zwischen den Strömen $I_{\alpha,\beta}$ und den transformierten Strömen $I_{d,q}$ ist eineindeutige (Gleichung (3.18)). Deswegen werden auch hier die Ströme im Argument der Flussverkettung in das neue Koordinatensystem überführt. Dabei gilt:

$$\underline{U_{d,q}} = \begin{bmatrix} U_d \\ U_q \end{bmatrix}, \ \underline{I_{d,q}} = \begin{bmatrix} I_d \\ I_q \end{bmatrix}, \ \underline{\Psi_{d,q}} = \begin{bmatrix} \Psi_d\left(I_d, I_q, \varphi_{el}\right) \\ \Psi_q\left(I_d, I_q, \varphi_{el}\right) \end{bmatrix} \tag{3.20}$$

$$\underline{\underline{T_2(t)}} = \begin{bmatrix} \cos(\varphi_{el}(t)) & -\sin(\varphi_{el}(t)) \\ \sin(\varphi_{el}(t)) & \cos(\varphi_{el}(t)) \end{bmatrix} \tag{3.21}$$

$$\underline{\underline{invT_2(t)}} = \begin{bmatrix} \cos(\varphi_{el}(t)) & \sin(\varphi_{el}(t)) \\ -\sin(\varphi_{el}(t)) & \cos(\varphi_{el}(t)) \end{bmatrix} \tag{3.22}$$

$$\underline{\underline{invT_2}} \cdot \underline{\underline{T_2}} = \begin{bmatrix} 1 & 0 \\ 0 & 1 \end{bmatrix} \tag{3.23}$$

Setzt man die Transformationsgleichungen (3.17) bis (3.19) in das Gleichungsystem (3.16) ein, so erhält man nach wenigen Vereinfachungen:

$$\begin{aligned}
\underline{\underline{T_2(t)}} \cdot \underline{U_{d,q}} &= \underline{\underline{R_2}} \cdot \underline{\underline{T_2(t)}} \cdot \underline{I_{d,q}} + \frac{\mathrm{d}}{\mathrm{d}t}\left(\underline{\underline{T_2}}(t) \cdot \underline{\Psi_{d,q}}\right) \tag{3.24}\\
\underline{U_{d,q}} &= \underline{\underline{invT_2(t)}} \cdot \underline{\underline{R_2}} \cdot \underline{\underline{T_2(t)}} \cdot \underline{I_{d,q}} + \underline{\underline{invT_2(t)}} \cdot \frac{\mathrm{d}}{\mathrm{d}t}\left(\underline{\underline{T_2}}(t) \cdot \underline{\Psi_{d,q}}\right)\\
&= \underline{\underline{R_2}} \cdot \underline{I_{d,q}} + \frac{\mathrm{d}}{\mathrm{d}t}\underline{\Psi_{d,q}}\left(\underline{I_{d,q}}, \varphi_{el}\right) + \frac{\mathrm{d}\varphi_{el}(t)}{\mathrm{d}t}\begin{bmatrix} 0 & -1 \\ 1 & 0 \end{bmatrix}\underline{\Psi_{d,q}}\left(\underline{I_{d,q}}, \varphi_{el}\right) \tag{3.25}
\end{aligned}$$

beziehungsweise

$$U_d = R \cdot I_d + \frac{\mathrm{d}\Psi_d\left(I_d, I_q, \varphi_{el}\right)}{\mathrm{d}t} - \omega_{el} \cdot \Psi_q\left(I_d, I_q, \varphi_{el}\right) \tag{3.26}$$

$$U_q = R \cdot I_q + \frac{\mathrm{d}\Psi_q\left(I_d, I_q, \varphi_{el}\right)}{\mathrm{d}t} + \omega_{el} \cdot \Psi_d\left(I_d, I_q, \varphi_{el}\right) \tag{3.27}$$

Beiläufig sei hier noch erwähnt, dass sich unter der Annahme von linearem Materialverhalten ($\Psi_d = L_d \cdot I_d + \Psi_R$ und $\Psi_q = L_q \cdot I_q$) und einer über eine elektrische Rotorumdrehung sinusförmige Flussdichteverteilung im Luftspalt der stromlosen Maschine das bekannte Grundwellenmodell ergibt:

$$U_d = R \cdot I_d + L_d \cdot \dot{I}_d - \omega_{el} \cdot L_q \cdot I_q \tag{3.28}$$

$$U_q = R \cdot I_q + L_q \cdot \dot{I}_q + \omega_{el} \cdot L_d \cdot I_d + \omega_{el} \cdot \Psi_R \tag{3.29}$$

3.2. Erweiterung des allgemeinen Ansatzes

Das allgemeine elektrische Differenzialgleichungssystem einer durch Permanentmagnete erregten Synchronmaschine im feldorientierten Koordinatensystem lässt sich wie bereits in den Gleichung (3.26) und (3.27) dargestellt, folgendermaßen notieren [8]:

$$
\begin{aligned}
U_d &= R \cdot I_d + \frac{\mathrm{d}\Psi_d(I_d, I_q, \varphi_{el})}{\mathrm{d}t} - \omega_{el}\Psi_q(I_d, I_q, \varphi_{el}) \\
U_q &= R \cdot I_q + \frac{\mathrm{d}\Psi_q(I_d, I_q, \varphi_{el})}{\mathrm{d}t} + \omega_{el}\Psi_d(I_d, I_q, \varphi_{el})
\end{aligned}
$$

Die Zustandsgrößen dieses Systems sind die Ströme I_d und I_q. Neben den Spannungen U_d und U_q werden auch die Größen φ_{el} und ω_{el} als Eingänge definiert[1]. Die Abhängigkeit der Flussverkettungen Ψ_d und Ψ_q von I_d, I_q und φ_{el} wird in den folgenden Gleichungen vorausgesetzt und nicht mehr explizit notiert. Die zeitlichen Ableitungen der Flussverkettungen Ψ_d und Ψ_q lassen sich folglich entsprechend der Kettenregel wie folgt darstellen:

$$
\frac{\mathrm{d}\Psi_d}{\mathrm{d}t} = \frac{\partial\Psi_d}{\partial I_d} \cdot \dot{I}_d + \frac{\partial\Psi_d}{\partial I_q} \cdot \dot{I}_q + \frac{\partial\Psi_d}{\partial\varphi_{el}} \cdot \omega_{el} \tag{3.30}
$$

$$
\frac{\mathrm{d}\Psi_q}{\mathrm{d}t} = \frac{\partial\Psi_q}{\partial I_d} \cdot \dot{I}_d + \frac{\partial\Psi_q}{\partial I_q} \cdot \dot{I}_q + \frac{\partial\Psi_q}{\partial\varphi_{el}} \cdot \omega_{el} \tag{3.31}
$$

Es ergibt sich also für das allgemeine System:

$$
U_d = R \cdot I_d + \frac{\partial\Psi_d}{\partial I_d} \cdot \dot{I}_d + \frac{\partial\Psi_d}{\partial I_q} \cdot \dot{I}_q + \omega_{el} \cdot \left(\frac{\partial\Psi_d}{\partial\varphi_{el}} - \Psi_q\right) \tag{3.32}
$$

$$
U_q = R \cdot I_q + \frac{\partial\Psi_q}{\partial I_d} \cdot \dot{I}_d + \frac{\partial\Psi_q}{\partial I_q} \cdot \dot{I}_q + \omega_{el} \cdot \left(\frac{\partial\Psi_q}{\partial\varphi_{el}} + \Psi_d\right) \tag{3.33}
$$

Ein qualitativer Eindruck der Verläufe der in den Gleichungen (3.32) und (3.33) aufgeführten Flussverkettungen sowie deren Ableitungen kann aus den Simulationsergebnissen (Abbildungen 2.12 bis 2.18) gewonnen werden. Dabei wird davon ausgegangen, dass der Längsstrom I_d durch die Regelung null beziehungsweise klein gehalten wird und dass sein Einfluss somit vernachlässigt werden kann. Eine Modelldarstellung des Differenzialgleichungssystems (3.32) und (3.33) als Wirkungsplan ist nicht sinnvoll, da die partiellen Ableitungen als Koeffizienten des Systems sowohl strom- als auch lageabhängig und somit stark zeitabhängig sind.

---

[1]Die Rotorlage und die Motordrehzahl sind eigentlich Zustandsgrößen des mechanischen DGLS. Es wird davon ausgegangen, dass die mechanischen Vorgänge wesentlich größere Zeitkonstanten besitzen als das elektrische System. Durch entsprechendes Setzen der Systemgrenzen ist deswegen eine Betrachtung dieser Größen als Eingänge zulässig.

3.3. Maschinenmodell für den Reglerentwurf

Grundlage für den Reglerentwurf ist das in Abschnitt 3.2 beschriebene Maschinenmodell (Gleichung (3.32) und (3.33)). Dabei gelten vorerst nur die in Abschnitt 2.3 getroffenen Annahmen. Die Abhängigkeit der aufgeführten Größen vom Längsstrom wird vernachlässigt, da dieser zu null geregelt wird. Die Oberwellen oberhalb der 6. Ordnung werden nicht betrachtet, da sie in den Simulationsergebnissen geringe Amplituden vermuten lassen und sich in der Praxis nicht als störend erwiesen haben.

Aus den Simulationsergebnissen des Magnetkreismodells (Abschnitt 2.5) werden weitere Annahmen für den Verlauf der Flussverkettungen Ψ_d und Ψ_q sowie deren Ableitungen nach den Zustandsgrößen I_d und I_q und der Rotorlage φ_{el} getroffen. Die Längsflussverkettung (vergleiche mit Abbildung 2.12) wird durch eine Funktion mit einem querstromabhängigen Gleichanteil $\Psi_{d0}(I_q)$ und der sechsten Oberwelle angenähert. Die Oberwelle hat eine querstromabhängige Amplitude $\Psi_{d6}(I_q)$ und eine querstromabhängige Phasenlage $\gamma_d(I_q)$. Oberwellen höherer Ordnung (zwölfte, achzehnte und so weiter) werden in diesem und den folgenden Ansätzen vernachlässigt.

$$\Psi_d(I_q, \varphi_{el}, I_d = 0) = \Psi_{d0}(I_q) + \Psi_{d6}(I_q) \cdot \sin\left(6 \cdot \varphi_{el} + \gamma_d(I_q)\right) \tag{3.34}$$

Die Querflussverkettung wird analog zur Längsflussverkettung mit einem querstromabhängigen Gleichanteil $\Psi_{q0}(I_q)$ und dem sechsten Oberwellenanteil mit der Amplitude $\Psi_{q6}(I_q)$ und der Phasenlage $\gamma_q(I_q)$ angesetzt (vergleiche Abbildung 2.13).

$$\Psi_q(I_q, \varphi_{el}, I_d = 0) = \Psi_{q0}(I_q) + \Psi_{q6}(I_q) \cdot \sin\left(6 \cdot \varphi_{el} + \gamma_q(I_q)\right) \tag{3.35}$$

Differenziert man den Ansatz für die Längsflussverkettung (Gleichung (3.34)) nach dem Längsstrom, erhält man die folgende Funktion, welche mit den Simulationsergebnissen in Abbildung 2.14 korrespondiert.

$$\frac{\partial \Psi_d}{\partial I_d}(I_q, \varphi_{el}, I_d = 0) = L_{d0}(I_q) + L_{d6}(I_q) \cdot \sin\left(6 \cdot \varphi_{el} + \gamma_{Ld}(I_q)\right) \tag{3.36}$$

Durch eine Ableitung des Ansatzes für die Querflussverkettung (Gleichung (3.35)) nach dem Querstrom, erhält man passend zu Abbildung 2.15 den Ansatz (3.37).

$$\frac{\partial \Psi_q}{\partial I_q}(I_q, \varphi_{el}, I_d = 0) = L_{q0}(I_q) + L_{q6}(I_q) \cdot \sin\left(6 \cdot \varphi_{el} + \gamma_{Lq}(I_q)\right) \tag{3.37}$$

Differenziert man die Längsflussverkettung (Gleichung (3.34)) nach dem Querstrom erhält man einen Ansatz für die Kopplung zwischen Längs- und Querachse. Dieser

Ansatz hat einen querstromabhängigen Gleichanteil und einen sechsten Oberwellenanteil mit variabler Amplitude und Phase (siehe Abbildung 2.16).

$$\frac{\partial \Psi_d}{\partial I_q}(I_q, \varphi_{el}, I_d = 0) = L_{dq0}(I_q) + L_{dq6}(I_q) \cdot \sin\left(6 \cdot \varphi_{el} + \gamma_{Ldq}(I_q)\right) \tag{3.38}$$

$$\left(\frac{\partial \Psi_q}{\partial I_d}(I_q, \varphi_{el}, I_d = 0) = L_{dq0}(I_q) + L_{dq6}(I_q) \cdot \sin\left(6 \cdot \varphi_{el} + \gamma_{Ldq}(I_q)\right)\right) \tag{3.39}$$

Durch eine Differenziation der Querflussverkettung (Gleichung (3.35) nach dem Längsstrom muss die selbe Funktion entstehen (Satz von Schwarz, Gleichung (2.137)).

Bei der Ableitung der Längsflussverkettung (Gleichung (3.34)) nach dem elektrischen Winkel des Maschinenmodells entfällt der Gleichanteil, da dieser nur vom Querstrom, nicht aber vom Winkel abhängig ist. Dieser Sachverhalt spiegelt sich auch in der graphischen Darstellung der Simulationsergebnisse in Abbildung 2.17 wider.

$$\frac{\partial \Psi_d}{\partial \varphi_{el}}(I_q, \varphi_{el}, I_d = 0) = 6 \cdot \Psi_{d6}(I_q) \cdot \cos\left(6 \cdot \varphi_{el} + \gamma_d(I_q)\right) \tag{3.40}$$

Der sich durch die Ableitung ergebende Ansatz wird in Gleichung (3.40) aufgeführt. Der sechste Oberwellenanteil mit querstromabhängiger Amplitude und Phase bleibt bei der Ableitung erhalten. Analog dazu entsteht auch die Ableitung der Querflussverkettung nach dem elektrischen Winkel:

$$\frac{\partial \Psi_q}{\partial \varphi_{el}}(I_q, \varphi_{el}, I_d = 0) = 6 \cdot \Psi_{q6}(I_q) \cdot \cos\left(6 \cdot \varphi_{el} + \gamma_q(I_q)\right) \tag{3.41}$$

Substituiert man die Größen in den Gleichungen (3.32) und (3.33) durch die Ansätze (3.34) bis (3.41), so erhält man das folgende Differenzialgleichungssystem für die permanentmagneterregte Synchronmaschine:

$$
\begin{aligned}
U_d = {} & \underbrace{R \cdot I_d + L_{d0}(I_q) \cdot \dot{I}_d - \omega_{el} \cdot \Psi_{q0}(I_q)}_{DGLS_d} + \underbrace{L_{d6}(I_q) \cdot \sin\left(6 \cdot \varphi_{el} + \gamma_{Ld}(I_q)\right) \cdot \dot{I}_d}_{U_{dS1}} \\
& + \underbrace{\left(L_{dq0}(I_q) + L_{dq6}(I_q) \cdot \sin\left(6 \cdot \varphi_{el} + \gamma_{Ldq}(I_q)\right)\right) \cdot \dot{I}_q}_{U_{dS2}} \\
& + \underbrace{\omega_{el} \cdot \left(6 \cdot \Psi_{d6}(I_q) \cos\left(6 \cdot \varphi_{el} + \gamma_d(I_q)\right) - \Psi_{q6}(I_q) \sin\left(6 \cdot \varphi_{el} + \gamma_q(I_q)\right)\right)}_{U_{dS3}} \tag{3.42}
\end{aligned}
$$

$$
\begin{aligned}
U_q = {} & \underbrace{R \cdot I_q + L_{q0}(I_q) \cdot \dot{I}_q + \omega_{el} \cdot \Psi_{d0}(I_q)}_{DGLS_q} + \underbrace{L_{q6}(I_q) \cdot \sin\left(6 \cdot \varphi_{el} + \gamma_{Lq}(I_q)\right) \cdot \dot{I}_q}_{U_{qS1}} \\
& + \underbrace{\left(L_{dq0}(I_q) + L_{dq6}(I_q) \cdot \sin\left(6 \cdot \varphi_{el} + \gamma_{Ldq}(I_q)\right)\right) \cdot \dot{I}_d}_{U_{qS2}} \\
& + \underbrace{\omega_{el} \cdot \left(6 \cdot \Psi_{q6}(I_q) \cos\left(6 \cdot \varphi_{el} + \gamma_q(I_q)\right) + \Psi_{d6}(I_q) \sin\left(6 \cdot \varphi_{el} + \gamma_d(I_q)\right)\right)}_{U_{qS3}} \tag{3.43}
\end{aligned}
$$

An diesem Gleichungssystem kann erneut der Übergang von Oberwellen zu Oberschwingungen verdeutlicht werden. Die Terme $U_{dS1,2,3}$ und $U_{qS1,2,3}$ enthalten jeweils Sinusfunktionen über den sechsfachen elektrischen Winkel ($6 \cdot \varphi_{el}$). Geht man nun von einer mit konstanter elektrischer Winkelgeschwindigkeit ω_{el} rotierenden Maschine aus, wird die Ortsabhängigkeit (Winkelabhängigkeit) über $6 \cdot \varphi_{el} = 6 \cdot \omega_{el} \cdot t$ zu einer Zeitabhängigkeit. Man erhält also eine Oszillation der Terme mit drehzahlabhängiger Frequenz.

Abbildung 3.2 zeigt den Wirkungsplan des durch die Gleichungen 3.42 und 3.43 beschriebenen Modells. Die Signale $\omega_{el}\Psi_{d0}$ und $\omega_{el}\Psi_{q0}$ bilden die Grundwellenkopplung zwischen Längs- und Querzweig der Maschine.

Dieses Modell entspricht dem aus der Literatur bekannten Grundwellenmodell (z.B. [8]), wenn man die Spannungen $U_{dS1,2,3}$ und $U_{qS1,2,3}$ zu Null setzt und die Querstromabhängigkeit der Parameter L_d^0, L_q^0 und der Signale $\omega_{el}\Psi_d^0$, $\omega_{el}\Psi_q^0$ vernachlässigt.

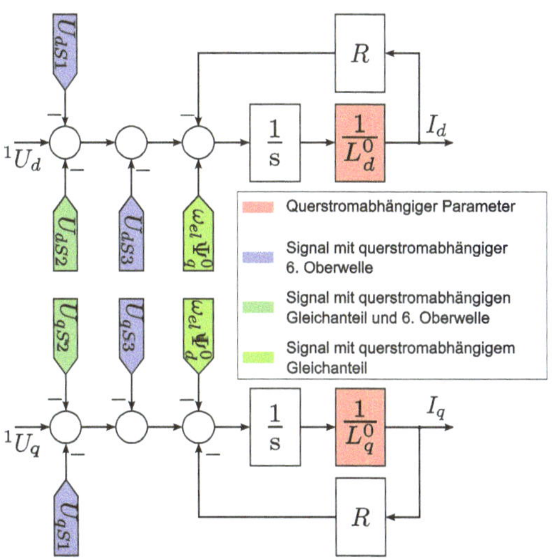

Abbildung 3.2.: Wirkungsplan des erweiterten Modells

Die Spannungen $U_{dS1,2,3}$ und $U_{qS1,2,3}$ werden als Störspannungen für das Grundwellenmodell interpretiert. Die Störspannungen U_{dS1} und U_{qS2} sind nur vorhanden, wenn sich der Strom I_d ändert; die Störspannungen U_{dS2} und U_{qS1} sind nur vorhanden, wenn sich der Strom I_q ändert (siehe Gleichung (3.42) und (3.43)). Die Gleichanteile der Spannungen U_{dS2} und U_{qS2} indizieren die Kreuzsättigung des Modells. Die Spannungen U_{dS3} und U_{qS3} sind gleichanteilsfreie Signale mit drehzahlproportionaler Amplitude. Sie werden in anderer Form auch in [15] erwähnt. Die Parameter des Grundwellenmodells ($DGLS_d$ und $DGLS_q$) sind querstromabhängig, verursachen jedoch keine Harmonischen. Die Interpretation der Spannungen $U_{dS1,2,3}$ und $U_{qS1,2,3}$ als Störspannungen deckt sich mit den in Abschnitt 4.1.6 aufgeführten Beobachtungen.

4. Regelung

In diesem Kapitel wird einleitend die allgemein bekannte Kaskadenregelung von Synchronmaschinen in ihren Grundzügen erklärt. Der Fokus hierbei liegt auf dem Drehzahlregler und den Stromreglern in feldorientierten Koordinaten und deren Parametrierung. Da diese Regelung in vielen Standardwerken sehr detailliert beschrieben wird, beschränken sich die Darstellungen in der vorliegenden Arbeit diesbezüglich auf einige für das Verständnis der folgenden Abschnitte wichtige Informationen. Weiterhin wird auf die Probleme mit der aktuellen Regelung eingegangen und anhand von Messergebnissen verdeutlicht.

Im zweiten Teil des Kapitels werden zwei neue Arten von Stromreglern vorgestellt, welche die Probleme der aktuellen Regelung beherrschen. Dafür erfolgt zuerst eine auf der Modellabstraktion des Kapitels 3 basierende theoretische Herleitung. Die Wirkungsweise der beiden neuen Stromregelungen (filterbasiert und vorsteuerungsbasiert) wird am Ende des Kapitels durch Simulations- und Messergebnisse untermauert.

Im dritten Teil des Kapitels wird allgemein gezeigt, dass die neue Regelung die ohmsche Maschinenverlustleistung geringfügig verringert. Setzt man voraus, dass andere Maschinenverluste wie Reibung, Wirbelströme und Hystereseverluste durch die Glättung der Ströme nicht erhöht werden, bedeutet dies eine leichte Verbesserung des Wirkungsgrads im Überlastbetrieb.

In den Wirkungsplänen der folgenden Kapitel werden mitunter Systeme dargestellt, welche sowohl zeitkontinuierliche als auch zeitdiskrete Übertragungselemente enthalten. An den Übergängen zwischen kontinuierlichen und diskreten Blöcken wirken mathematisch betrachtet Abtast- und Halteglieder. Diese Übergangselemente werden in den Signalflussplänen dieser Arbeit nicht dargestellt. Ihre signalverzögernde Wirkung wird beim Reglerentwurf trotzdem berücksichtigt. In realen Systemen wirken weiterhin durch die Digitalisierung Quantisierungseffekte [46, Kapitel 4.2.4]. Da die Auflösung der Analog-Digitalwandler in heutigen Antriebssystemen im Bereich der Sensorgenauigkeit liegt, werden Quantisierungseffekte nicht berücksichtigt.

Die neue Regelung stellt neben dem Maschinenmodell (Kapitel 2) und seiner Abstraktion (Kapitel 3) den dritten wissenschaftlichen Beitrag dieser Arbeit dar.

4.1. Stand der aktuellen Regelung

4.1.1. Struktur der heutigen Regelung

Servomotoren werden zum Abfahren von Lage- und/oder Geschwindigkeitstrajektorien verwendet. Je nach Art des Servomotors finden dafür unterschiedliche Arten von Regelstrategien Anwendung. Der Fokus dieser Arbeit liegt auf der Regelung von elektrischen dreiphasigen permanentmagnenterregten Synchronmaschinen. Das Wickelschema ist dabei für den prinzipiellen Regelansatz nicht entscheidend.

Betrachtet man die Synchronmaschine aus systemtheoretischer Sicht, so lässt sich die Systemgrenze auf der elektrischen Seite an den Motorklemmen ziehen. An den Motorklemmen wirken die elektrischen Spannungen als Stellgröße der Regelung. Diese Spannungen werden durch ein Stellglied bereitgestellt. Bei Servomotoren ist dieses Stellglied in den meisten Fällen ein dreiphasiger Wechselrichter, welcher seinerseits die elektrische Leistung aus einer Gleichspannungsquelle bezieht. Ob diese Gleichspannung über einen Gleichrichter aus dem Netz in den sogenannten Zwischenkreis (ZWK) oder anderweitig bereitgestellt wird, variiert von Anwendung zu Anwendung und soll hier nicht weiter erörtert werden. Die Gleichspannungsquelle wird als ideal betrachtet. Die Höhe der Gleichspannung U_{ZWK} beeinflusst die Stellgrößenreserve und führt in bestimmten Betriebsbereichen zu einer Begrenzung der Sollströme, worauf in den folgenden Kapiteln noch näher eingegangen wird. Abbildung 4.1 zeigt den schematischen Aufbau eines Wechselrichters an einer permanentmagneterregten Synchronmaschine (PMSM). Die Schalter symbolisieren dabei die allgemeine Funktion von schaltenden, leistungselektronischen Halbleiterbauelementen wie Beispielsweise (IGBTs, MOSFETS, et cetera) [10, 11].

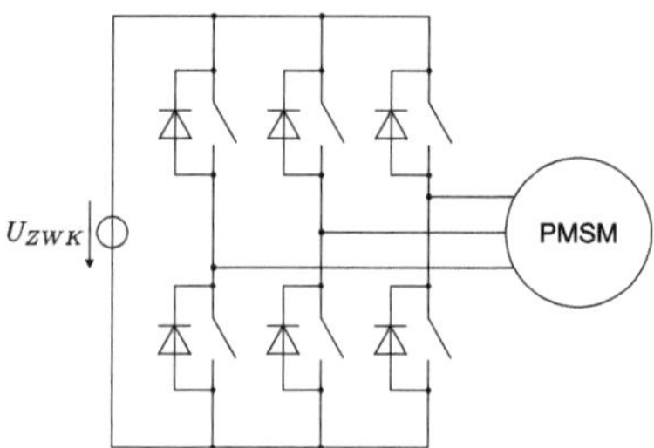

Abbildung 4.1.: Synchronmaschine mit Wechselrichter

Die nach oben gerichteten Dioden sind Freilaufdioden, welche bei geöffneten Schaltern den Strom der induktiven Maschine führen können. Die Schaltmuster der Wechselrichterschalter werden direkt aus den von den Reglern berechneten Stellspannungen ermittelt. Für genauere Informationen über Wechselrichter und Schaltmuster sei auf eines der Werke [2–4, 6–11] verwiesen.

Regelungstechnisch wird der Wechselrichter als ideales, zeitdiskretes Stellglied betrachtet. Durch den Übergang eines zeitdiskreten Stellsignals auf einen zeitkontinuierlichen Prozess mit Tiefpassverhalten entsteht dabei die Totzeit von der Dauer einer halben Abtastzeit[1]. Für die Regelung kann der Wechselrichter also in seiner Dynamik vernachlässigt werden. Die zeitdiskreten Stellgrößen der Regler gehen demnach direkt an die Klemmen der Maschine und verursachen somit die selbe Totzeit.

Zur Regelung von Servomaschinen wird häufig eine kaskadenförmige Reglerstruktur verwendet [3, 6, 8], bei welcher die äußerste Kaskade für die Lageregelung (GR_φ), die mittlere Kaskade für die Drehzahlregelung (GR_ω) und die innerste Kaskade für die Momenten- oder Stromregelung (GR_{I_q}) verantwortlich ist (siehe Abbildung 4.2). Die Kaskaden können je nach Anforderungen durch Vorsteuerungen zusätzlich miteinander verkoppelt sein.

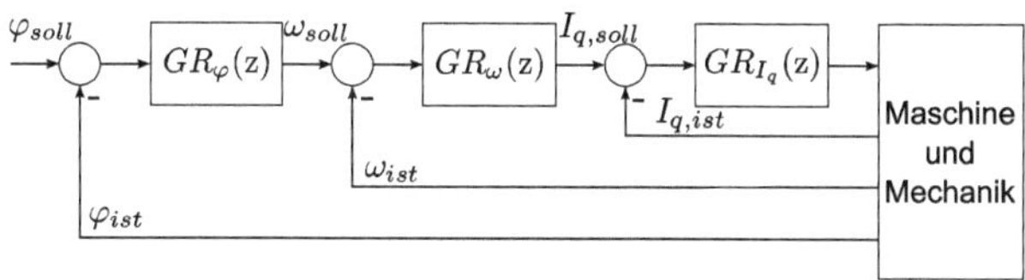

Abbildung 4.2.: Kaskadenstruktur der Regelung

In dieser Arbeit liegt der Fokus auf der Entwicklung einer neuen Regelung der Ströme beziehungsweise auf der Erweiterung der aktuellen Stromregelung. Auf den Grund dafür wird in Abschnitt 4.1.6 genauer eingegangen. Im Kapitel 4.1.4 wird der Drehzahlregler, seine Parametrierung und die Stellgrößenbegrenzung auf Grund der begrenzten Spannungsreserve des Wechselrichters erläutert, da er bei den später vorgestellten Simulationen und Messungen beim Reversieren der Maschine eine Rolle spielt. Auf die Lageregelung wird nicht eingegangen. Die restlichen Kapitel dieser Arbeit beziehen sich auf die Stromregelung und ihre Modifikation.

---

[1] Dieser Sachverhalt wird in späteren Abschnitten aufgegriffen und genauer erläutert.

4.1.2. Die Stromregelung in feldorientierten Koordinaten

Die Ströme (innerste Kaskade) in permanentmagneterregten Synchronservomaschinen werden unabhängig von ihrem Wicklungsschema in einem feldorientierten Koordinatensystem geregelt. Diese Art der Regelung, ihre Vorteile sowie die entsprechenden Transformationen werden in nahezu allen Werken über elektrische Antriebstechnik beschrieben [1] bis [9]. Aus diesem Grund soll in dieser Arbeit auf eine Herleitung dieser Regelung verzichtet werden. Die Transformation der Maschinengleichungen in das feldorientierte Koordinatensystem ist bereits in Kapitel 3.1 erklärt.

In der hier verwendeten feldorientierten Regelung regeln zwei unabhängige Stromregler den Längsstrom I_d und den Querstrom I_q. Das der Regelung allgemein zugrunde liegende Grundwellenmodell (Gleichungen (3.28) und (3.29)) der Maschine ist ein nichtlineares[2] Mehrgrößensystem mit den zwei Eingängen Längsspannung U_d und Querspannung U_q sowie den zwei Ausgängen Längsstrom I_d und Querstrom I_q. Durch eine entsprechende Entkopplung kann das (2x2)-Mehrgrößensystem in zwei unabhängige lineare Eingrößensysteme (PT$_1$-Systeme) überführt werden [8]. Für den Fall, dass der Längsstrom in allen Betriebszuständen zu Null geregelt beziehungsweise klein gehalten wird, vereinfacht sich die Entkopplung um einen Vorsteuerungszweig. Abbildung 4.3 zeigt die Stromreglerstruktur beider Regelkreise mit vollständiger Entkopplung als Wirkungspläne. Der I-Anteil im Regler wird durch eine Backwards-Euler Integration realisiert. Es gibt noch andere Möglichkeiten der Implementierung zeitdiskreter Integratoren (Tustin, Forwards-Euler), welche sich im quasikontinuierlichen Fall kaum voneinander unterscheiden. Die resultierenden Stellgrößen der Regler inklusive der Entkopplungen sind die Spannungen U_d und U_q.

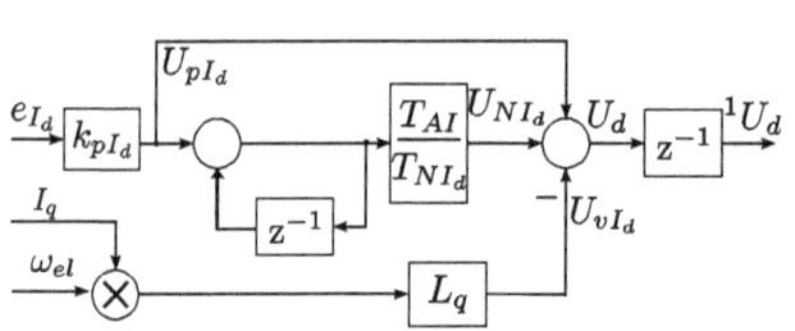

(a) Struktur des Längsstromreglers mit Entkopplung zum Querstrom

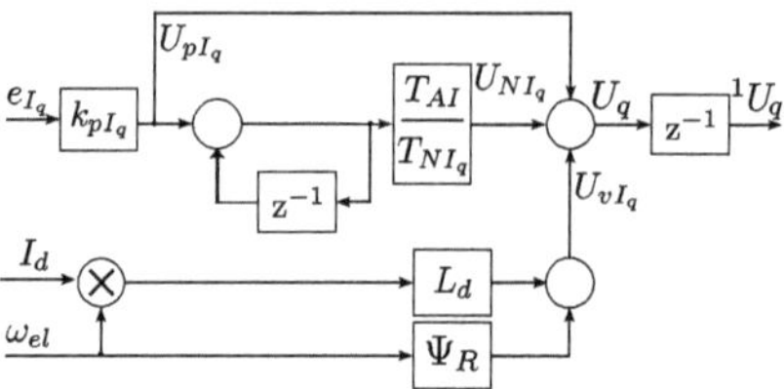

(b) Struktur des Querstromreglers mit Entkopplung zum Rotor und zum Längsstrom

Abbildung 4.3.: Wirkungsplan der aktuellen Stromregelkreise

Die Entkopplung der Regelkreise ist nicht zwingend notwendig. Bei fehlender oder

---

[2]Die Kopplung der Zweige ist drehzahlabhängig.

durch Parameterunsicherheit bedingte falscher Entkopplung kann das Gesamtsystem wegen seiner Nichtlinearität nicht als global stabil betrachtet werden. Die Stabilität ist drehzahlabhängig. Für die meisten Anwendungen liegt der instabile Bereich jedoch weit außerhalb des zulässigen Drehzahlbereichs. Trotzdem wird meist eine Entkopplung vorgenommen, um die Regeleigenschaften zu verbessern. Die Totzeit z^{-1} in Abbildung 4.3, mit der die jeweilige Stellspannung U_d bzw. U_q am Reglerausgang verzögert wird (^1U_d bzw. ^1U_q), berücksichtigt die Rechenzeit eines realen digitalen Prozessors [2, Kapitel 5].

4.1.3. Parametrierung der Stromregler

Die Stromregler für den Längs- und Querstromregelkreis werden nach dem Betragsoptimum [8, 9, 12] parametriert. Für die Regelstrecken wird dabei jeweils ein (lineares) PT_1-Glied mit idealer Entkopplung und konstanten Streckenparametern (Nominalparametern) angesetzt:

$$GP_{I_d}(s) = \frac{V_s}{T_d \cdot s + 1} \quad \text{mit } V_s = \frac{1}{R} \text{ und } T_d = \frac{L_d}{R} \tag{4.1}$$

$$GP_{I_q}(s) = \frac{V_s}{T_q \cdot s + 1} \quad \text{mit } V_s = \frac{1}{R} \text{ und } T_q = \frac{L_q}{R} \tag{4.2}$$

Wie bereits im vorhergehenden Abschnitt erwähnt, handelt es sich bei den Stromreglern um zeitdiskrete PI-Regler. Für die Reglerparametrierung werden die Regler als quasikontinuierlich betrachtet. Da die Abtastzeit ($T_{AI} = 125\ \mu s$) wesentlich kleiner ist als die für die untersuchten Maschinentypen auftretenden Zeitkonstanten ($T_r \geq 4000\ \mu s$), gilt diese Näherung [12]. Als kontinuierlicher Ansatz für den Stromregler ergibt sich:

$$GR_{I_d}(s) = k_{pI_d} \frac{s \cdot T_{NI_d} + 1}{s \cdot T_{NI_d}} \tag{4.3}$$

$$GR_{I_q}(s) = k_{pI_q} \frac{s \cdot T_{NI_q} + 1}{s \cdot T_{NI_q}} \tag{4.4}$$

Nach [2], [12, Seite 112], [38, Seite 409 ff.] und [39, Seite 312] fällt durch die Rechenzeit des digitalen Reglers und durch die Ausgabe eines stufenförmigen Stellsignals eine Totzeit von $T_T = \frac{3}{2}T_{AI}$ an. Ein Totzeitglied mit der Übertragungsfunktion

$$GT(s) = e^{-sT_T} \tag{4.5}$$

kann nach [37, Seite 293] wie folgt approximiert werden:

$$e^{-sT_T} = \lim_{v \to \infty} \left(\frac{1}{\frac{T_T}{v}s + 1} \right)^v \approx \frac{1}{T_T \cdot s + 1} \tag{4.6}$$

Istwertfilter und Stromextrapolatoren, wie sie in realen Stromregelkreisen zeitweilig eingesetzt werden, sind in den durchgeführten Untersuchungen deaktiviert und werden deswegen in der Reglerauslegung nicht berücksichtigt.

Es ergibt sich folglich die Übertragungsfunktionen[3] G_{ox} der offenen Stromregelkreise:

$$G_{ox} = GR_{I_x} \cdot GT \cdot GP_{I_x} \tag{4.7}$$

$$= \frac{k_{pI_x} \cdot V_s \cdot (\mathrm{s} \cdot T_{NI_x} + 1)}{\mathrm{s} \cdot T_{NI_x} (\mathrm{s} \cdot T_x + 1)(\mathrm{s} \cdot T_T + 1)} \tag{4.8}$$

Nach dem Betragsoptimum wird die größte Zeitkonstante der Regelstrecke (in diesem Fall T_x) durch die Nachstellzeit des Reglers T_{NI_x} kompensiert. Die Reglerverstärkung berechnet sich aus der Induktivität L_x und der verbleibenden Summenzeitkonstante (in diesem Fall T_T), sodass der Betrag der Übertragungsfunktion des geschlossenen Kreises für einen größtmöglichen Frequenzbereich gleich Eins ist.:

$$k_{pI_x} = \frac{L_x}{2 \cdot T_T} \quad \text{Stromreglerproportionalverstärkung} \tag{4.9}$$

$$T_{NI_x} = \frac{L_x}{R} \quad \text{Stromreglernachstellzeit} \tag{4.10}$$

Die zeitkontinuierliche Übertragungsfunktion der geschlossenen Stromregelkreise lautet damit näherungsweise:

$$G_{gx} = \frac{G_{ox}}{1 + G_{ox}} \tag{4.11}$$

$$= \frac{1}{\mathrm{s}^2 \cdot 2 \cdot T_T{}^2 + \mathrm{s} \cdot 2 \cdot T_T + 1} \tag{4.12}$$

$$= \frac{1}{\mathrm{s}^2 \cdot \frac{9}{2} \cdot T_{AI}{}^2 + \mathrm{s} \cdot 3 \cdot T_{AI} + 1} \tag{4.13}$$

Es gibt Ansätze, die Proportionalverstärkung k_{pI_x} des Stromreglers in Betriebspunkten mit hohen Strömen und folglich einem hohen Maß an magnetischer Sättigung zu reduzieren. Damit wird einer sättigungsbedingten Absenkung der Motorquerinduktivität (Abbildung 2.15) Rechnung getragen. Damit wird Gleichung (4.9) über den gesamten Betriebsbereich der Maschine erfüllt und der Regelkreis bleibt betragsoptimal. Um auch bei Überlast die Streckenzeitkonstante zu kompensieren, ist auch eine Nachführung der Nachstellzeit T_{NI_x} möglich. Damit wird Gleichung (4.10) auch bei gesättigter Induktivität erfüllt. Gemäß Abschnitt 4.1.6 liegt der Fokus dieser Arbeit auf der Eliminierung von Oszillationen im Strom. Das Nachführen von Reglerparametern wird nicht berücksichtigt und ist in den Simulationen und Messungen deaktiviert.

---

[3]Der Index „x“ steht stellvertretend für „d“ und „q“.

4.1.4. Der Drehzahlregler und seine Parametrierung

Der Drehzahlregler ist ein zeitdiskreter PI-Regler, dessen Stellgröße (Querstromsoll-wert) auf den maximal zulässigen und aufgrund der Spannungsreserve des Gleich-stromzwischenkreises möglichen Strom begrenzt wird (siehe Abschnitt 4.1.5). Während die Stellgrößenbegrenzung aktiv ist, wird der Integratorinhalt des Drehzahlreglers konstant gehalten, was einem Anti-Wind-Up-Mechanismus entspricht [9, Seite 129]. Die Parametrierung des Reglers erfolgt nach dem symmetrischen Optimum [8, 9, 12]. Die Parameter des Drehzahlreglers haben, sofern das System stabil ist, für die hier untersuchten Effekte keinen Einfluss.

Ähnlich wie bei der Parametrierung der Stromregler nach dem Betragsoptimum (Abschnitt 4.1.3) wird für die Berechnung der Drehzahlreglerparameter ein quasikontinu-ierlicher Ansatz mit Nominalparametern verfolgt. Die (quasi-) kontinuierliche Übertra-gungsfunktion GR_ω des Drehzahl-PI-Reglers entspricht Gleichung (4.14). Die Regel-strecke GP_ω besteht dabei aus dem geschlossenen Querstromregelkreis G_{gq} (Glei-chung (4.13)), dem Quotienten aus Drehmomentkonstante und Motorträgheit sowie einem Integrator. Die Motorreibung wird vernachlässigt.

$$GR_\omega = k_{p\omega} \cdot \frac{\mathrm{s} \cdot T_{N\omega} + 1}{\mathrm{s} \cdot T_{N\omega}} \qquad (4.14)$$

Nach [8, Seite 50] kann die Übertragungsfunktion des betragsoptimalen geschlosse-nen Stromregelkreises (Gleichung (4.13)) für die Optimierung des Drehzahlreglers we-gen $\frac{9}{2}T_{AI}^2 << 3T_{AI}$ durch ein PT_1-Glied approximiert werden:

$$\frac{1}{\mathrm{s}^2 \cdot \frac{9}{2} \cdot T_{AI}^2 + \mathrm{s} \cdot 3 \cdot T_{AI} + 1} \approx \frac{1}{\mathrm{s} \cdot 3 \cdot T_{AI} + 1} \qquad (4.15)$$

Für die Übertragungsfunktion der Geschwindigkeitsregelstrecke kann also näherungs-weise folgendes angesetzt werden:

$$GP_\omega(\mathrm{s}) = \frac{1}{\mathrm{s} \cdot 3 \cdot T_{AI} + 1} \cdot \frac{\frac{3}{2} \cdot z_p \cdot \Psi_R}{J_{Motor}} \cdot \frac{1}{\mathrm{s}} \qquad (4.16)$$

Die Optimierung des Geschwindigkeitsreglers nach dem Betragsoptimum beziehungs-weise eine Kompensation der Zeitkonstante in der Übertragungsfunktion (4.16) mit ei-nem PI-Regler führt für den offenen Drehzahlregelkreis zu einem Doppelintegrator und somit zwangsläufig zur Instabilität des geschlossenen Regelkreises. Für die Parameter des Geschwindigkeitsreglers wird deswegen das symmetrische Optimum angesetzt.

Danach berechnen sich die Größen des Geschwindigkeitsreglers zu

$$T_{N\omega} = \quad 12 \cdot T_{AI} \qquad \text{Geschwindigkeitsreglernachstellzeit} \qquad (4.17)$$

$$k_{p\omega} = \quad \frac{J_{Motor}}{9 \cdot z_p \cdot \Psi_R \cdot T_{AI}} \qquad \text{Geschwindigkeitsreglerproportionalverstärkung} \qquad (4.18)$$

Falls Istwertfilter (zum Beispiel Glättungsfilter) im Geschwindigkeitsregelkreis implementiert werden, müssen diese bei der Optimierung berücksichtigt werden. Für die in dieser Arbeit besprochenen Effekte sind solche Filter nicht von Belang.

4.1.5. Sollstrombegrenzung

Wie bereits am Anfang des Kapitels erwähnt, werden durch einen dreiphasigen Wechselrichter die von den Stromreglern berechneten Spannungen (Stellgrößen) an den Motorklemmen angelegt. Dem Wechselrichter steht dabei eine (ideale) Gleichspannungsquelle mit der Spannung U_{ZWK} zur Verfügung. Nach [2] beträgt der maximale Betrag des Spannungszeigers[4] mit der strom- und spannungsinvarianten Koordinatentransformation an den Motorklemmen:

$$|U_{d,q;max}| = \frac{1}{\sqrt{3}} \cdot U_{ZWK} \qquad (4.19)$$

Aus der Quadrierung der Gleichung (4.19) folgt für die Längs- und die Querspannung:

$$U_d^2 + U_q^2 \leq \frac{1}{3} \cdot U_{ZWK}{}^2 \qquad (4.20)$$

Zieht man nun die Spannungsgleichungen des Motors (Gleichungen (3.28), (3.29)) für den stationären Fall ohne Feldschwächung ($I_d = 0$, $\dot{I}_d = 0$, $\dot{I}_q = 0$) hinzu , erhält man:

$$\omega_{el}^2 \cdot L_q^2 \cdot I_q^2 + (R \cdot I_q + \omega_{el} \cdot \Psi_R)^2 \leq \frac{1}{3} \cdot U_{ZWK}{}^2 \qquad (4.21)$$

Die Ungleichung (4.21) ist dann erfüllt, wenn sich der Querstrom innerhalb der folgenden drehzahlabhängigen Grenzen befindet:

$$I_{q,unten} = -\frac{\sqrt{3} \cdot \sqrt{U_{ZWK}{}^2 \cdot R^2 - 3 \cdot L_q^2 \cdot \Psi_R^2 \cdot w_{el}^4 + L_q^2 \cdot U_{ZWK}{}^2 \cdot w_{el}^2} + 3 \cdot \Psi_R \cdot w_{el} \cdot R}{3 \cdot R^2 + 3 \cdot L_q^2 \cdot wel^2} \qquad (4.22)$$

$$I_{q,oben} = \frac{\sqrt{3} \cdot \sqrt{U_{ZWK}{}^2 \cdot R^2 - 3 \cdot L_q^2 \cdot \Psi_R^2 \cdot w_{el}^4 + L_q^2 \cdot U_{ZWK}{}^2 \cdot w_{el}^2} - 3 \cdot \Psi_R \cdot w_{el} \cdot R}{3 \cdot R^2 + 3 \cdot L_q^2 \cdot wel^2} \qquad (4.23)$$

---

[4]Dies gilt bei Sinusmodulation, was in diesem Fall angenommen wird. Bei Blockkommutierung erhöht sich das Verhältnis auf $2/3$.

Werden weiterhin die thermischen Grenzen I_{max} und $-I_{max}$ der Maschine berücksichtigt, lässt sich für den zulässigen Bereich des Querstromsollwerts folgendes notieren:

$$\max(-I_{max}, I_{q,unten}) \leq I_{q,soll} \leq \min(I_{max}, I_{q,oben}) \tag{4.24}$$

Abbildung 4.4 zeigt diesen zulässigen Bereich für die Nominalparameter der realen Maschine (Abschnitt 2.5.1), der Gleichspannung $U_{ZWK} = 750$ V und dem Maximalstrom $I_{max} = 35$ A. Deutlich ist zu erkennen, dass die thermische Stromgrenze im Bereich geringer Drehzahlen begrenzend ist. Bei hohen Drehzahlen ist die Spannungsreserve der stromlimitierende Faktor.

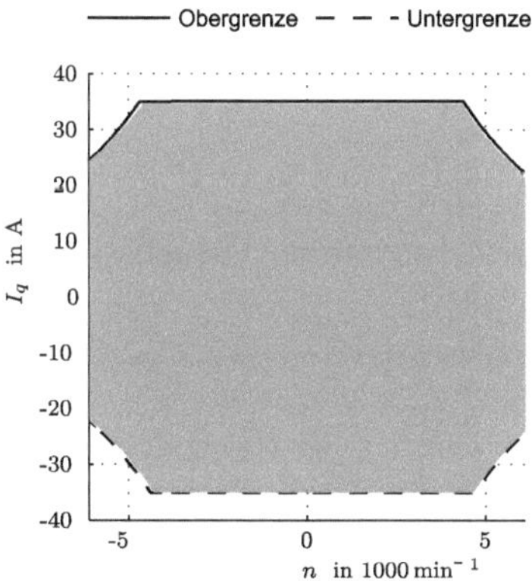

Abbildung 4.4.: Bereich des möglichen Querstroms in Abhängigkeit der Drehzahl

Es hat sich als günstig erwiesen, die Spannungsreserve nicht voll auszufahren, sondern den Sollstrom bereits bei geringfügig niedrigeren Drehzahlen abzusenken. Dadurch verbleibt den Stromreglern eine Stellgrößenreserve, um Störspannungen auszuregeln. Dies ist auch bei den im weiteren Teil der Arbeit entwickelten neuen Regelungskonzepten von signifikanter Bedeutung, da dort entweder durch Filter oder durch Vorsteuerung zusätzliche Spannungen aufgeschaltet werden, um Stromoszillationen zu mindern.

4.1.6. Probleme der heutigen Regelung

Bei gewissen einzelzahnbewickelten Maschinen treten bei hohen Querströmen Oszillationen im Längs- und Querstromzweig auf. Eine Variation der Betriebspunkte zeigt, dass sowohl die Amplitude als auch die Frequenz und die Phasenlage der Oszillation drehzahl- und querstromabhängig sind.

Durch eine Erhöhung der Regelkreisbandbreite, zum Beispiel durch die Erhöhung der Stromreglerverstärkung bei einer höheren Wechselrichterpulsfrequenz, wird eine Verringerung der Oszillationsamplitude erreicht. Dies legt die Vermutung nahe, dass es sich bei den Oszillationen nicht um eine Instabilität, sondern um Störgrößen handelt. Die Frequenz der Oszillation entspricht dem Sechsfachen der elektrischen Maschinendrehzahl. Die beiden folgenden Abschnitte zeigen diese Problematik anhand der Betriebsszenarien Reversieren und Fahrt mit hohem Moment bei konstanter Drehzahl.

4.1.6.1. Reversieren ohne Zusatzträgheit (Messung)

Bei einem Reversiervorgang wird der Antrieb in Geschwindigkeitsregelung betrieben. Bei konstanter Startdrehzahl ($n_{soll} = n_{ist} = 6100$ min^{-1}) fließt ein geringer Querstrom von ca. 0.6 A, der benötigt wird, um die Reibungsverluste im Motor zu kompensieren und die Drehzahl zu halten. Der Reversiervorgang beginnt mit einem Sprung der Solldrehzahl auf $n_{soll} = -6100$ min^{-1}. Um die Bewegung der Maschine umzukehren, wird vom Drehzahlregler das maximale Gegenmoment gefordert, was zu einem hohen negativen Sollwert des Querstroms führt. Da die Maschine nicht in Feldschwächung betrieben wird, verweilt der Sollwert des Längsstroms auf null. Der Sollwert des Querstroms wird zu Beginn des Reversierens bei hohen Drehzahlen durch die Spannungsreserve (siehe Abschnitt 4.1.5) des Wechselrichters begrenzt. Bei geringeren Drehzahlen wird der Sollstrom durch den maximal zulässigen Strombetrag der Maschine begrenzt. Dieser liegt auf dem vierfachen Wert des thermisch zulässigen Dauerstroms. Einzelne Abschnitte der Maschine befinden sich bei diesem Strom in magnetischer Sättigung.

Mit der aktuell implementierten Regelung zeigen sich während des Reversierens von $n = 6100$ min^{-1} nach $n = -6100$ min^{-1} Oszillationen in den Verläufen des Längs- und des Querstroms (siehe Abbildung 4.5). Die Oszillationen erreichen in beiden Stromistwertverläufen ein Maximum bei ungefähr $n_{ist} = 3500$ min^{-1} und $n_{ist} = -5000$ min^{-1}. Zum Zeitpunkt des Nulldurchgangs der Istdrehzahl verschwinden die Oszillationen. Während der Sollwert des Querstroms $I_{q,soll} = -35.1$ A ist, erreicht der Istwert durch die Schwingungen $I_q = -41$ A und überschreitet den Sollwert dabei um 17%.

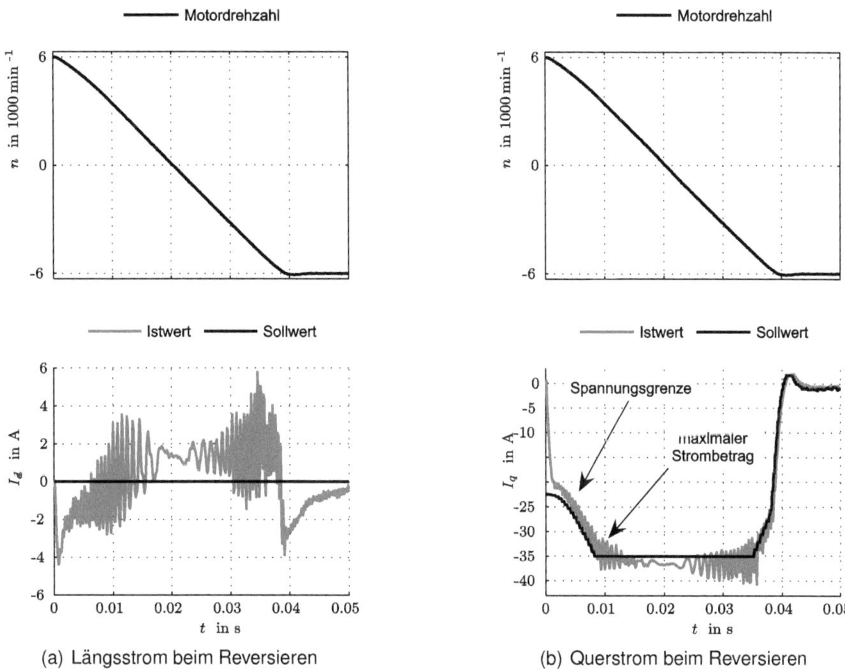

(a) Längsstrom beim Reversieren

(b) Querstrom beim Reversieren

Abbildung 4.5.: Gemessene Stromverläufe beim Reversieren von $n = 6100 \text{ min}^{-1}$ nach $n = -6100 \text{ min}^{-1}$

4.1.6.2. Fahrten bei konstanter Drehzahl mit hohem Drehmoment (Messung)

Für die in diesem Abschnitt aufgeführten Messergebnisse wird der Motor in Momentenregelung betrieben und durch eine ausreichend dimensionierte Antriebsmaschine (in Drehzahlregelung) mit konstanter Drehzahl (in diesem Fall $n = 4000 \text{ min}^{-1}$) angetrieben (siehe Abbildung 4.17). Während des Messzeitraums wird der Querstromsollwert auf $I_{q,soll} = 35.1 \text{ A}$ gesetzt.

Abbildung 4.6(a) zeigt den gemessenen Verlauf des Längsstroms. Da, wie bereits erwähnt, der Motor nicht in Feldschwächung betrieben wird, ist der Sollwert des Längsstroms $I_{d,soll} = 0 \text{ A}$. Im Istwert des Stroms ist eine deutliche Oszillation zu erkennen. Eine auf die Drehzahl der Maschine normierte Fourieranalyse des Istsignals ordnet die Oszillation eindeutig der sechsten Harmonischen mit einer Amplitude von 2.2 A zu (Ab-

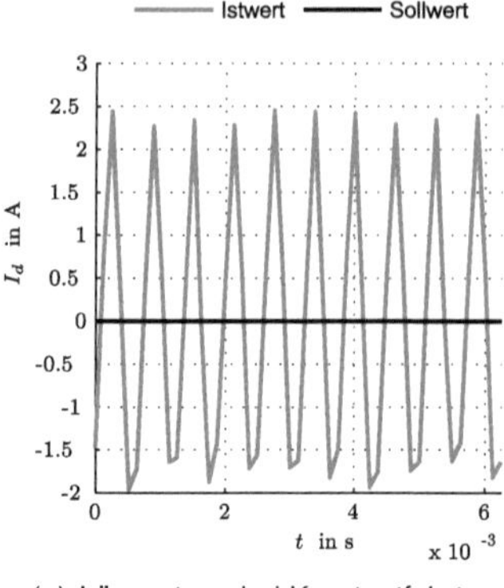

(a) Längsstrom bei Konstantfahrt

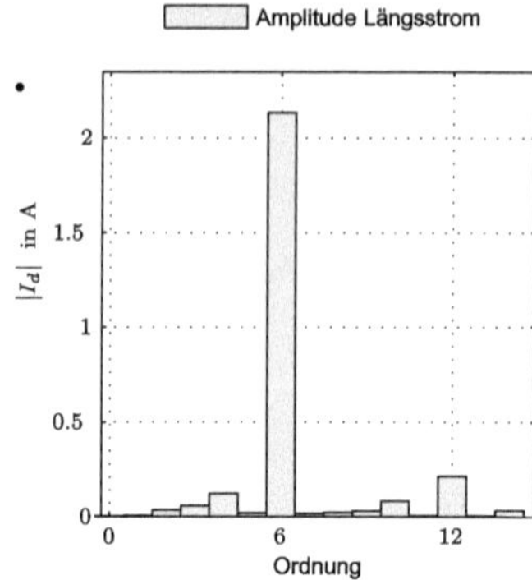

(b) Spektrum des Längsstroms bei Konstantfahrt

Abbildung 4.6.: Längsstromverlauf bei Konstantfahrt $n = 4000 \text{ min}^{-1}$ mit konstantem Querstromsollwert $I_{q,soll} = 35.1$ A

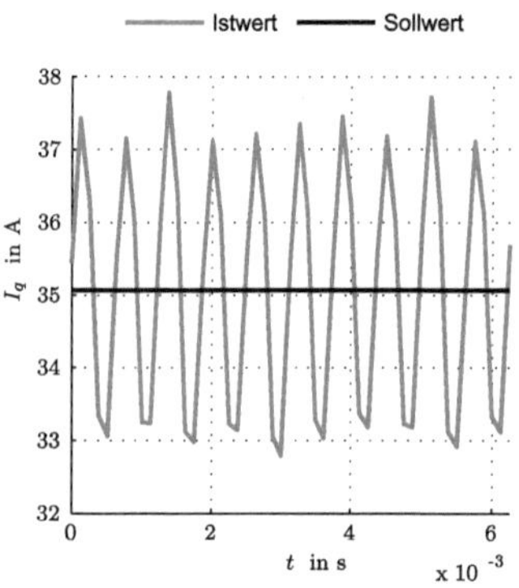

(a) Querstrom bei Konstantfahrt

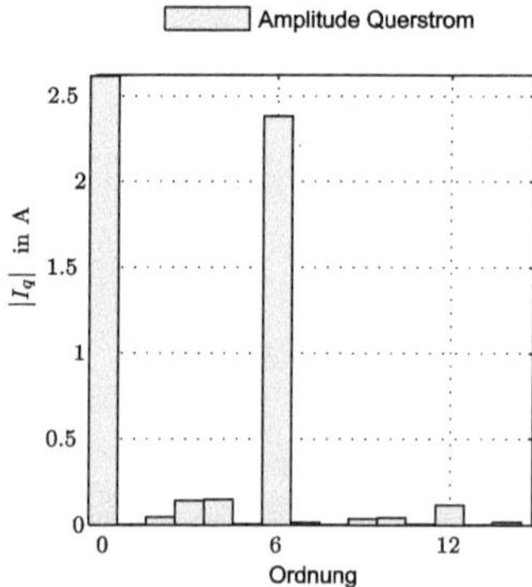

(b) Spektrum des Querstroms bei Konstantfahrt

Abbildung 4.7.: Querstromverlauf bei Konstantfahrt $n = 4000 \text{ min}^{-1}$ mit konstantem Querstromsollwert $I_{q,soll} = 35.1$ A

bildung 4.6(b)). Die sechste Harmonische korrespondiert über die Rotation der Maschine mit der sechsten Oberwelle der Flussverkettungen entsprechend den Ausführungen in Abschnitt 3.3.

Der Verlauf des Querstroms (Abbildung 4.7(a)) liefert ein ähnliches Bild. Während durch die Momentenregelung ein konstanter Querstromsollwert ($I_{q,soll} = 35.1$ A) vorgegeben wird, folgt der Querstromistwert im Gleichanteil[5] dem Sollwert und zeigt zusätzlich eine Oszillation mit der sechsten Harmonischen (vergleiche Abbildung 4.7(b)).

4.2. Neue Stromregelung

4.2.1. Ziele und Randbedingungen der neuen Stromregelung

Das Ziel einer neuen Regelung ist die Behebung der Probleme der heutigen Regelung. Dafür ist, wie in Abschnitt 4.1.6 beschrieben, in erster Linie die sechste Harmonische im Längs- und Querstrom zu beseitigen.

Eingeschränkt wird der Entwurf eines neuen Regelungskonzepts durch die folgenden Randbedingungen:

1. Der Regler muss zeitdiskret implementierbar sein.

2. Der Regler muss in Echtzeit auf einem industriellen Antrieb mit einer Abtastzeit von $T_{AI} = 125\ \mu s$ rechenbar sein. Dabei stehen für die eigentliche Berechnung nur maximal $10\ \mu s$ zur Verfügung.

3. In der Anwendung sollte der Regler mit geringem zusätzlichen Aufwand parametrierbar sein.

4. Die Anzahl der benötigten Parameter soll gering sein.

5. Im Vergleich zur heutigen Regelung wird keine nennenswerte Verschlechterung der Performance und Regelgüte toleriert.

6. Der Antrieb wird nicht in Feldschwächung betrieben.

7. Die übergeordnete Kaskadenregelung für die Geschwindigkeit und die Lage der Maschine bleibt erhalten.

8. Die Stromregelung wird weiterhin in feldorientierten Koordinaten durchgeführt.

---

[5]Der Gleichanteil in Spektrum 4.7(b) wird wegen der Skalierung nicht voll dargestellt.

4.2.2. Ansatz für eine Erweiterung der heutigen Stromregelung durch Filter

Ziel der neuen Regelung ist es, die sechste Harmonische im Längs- und im Querstrom zu beseitigen. Die im Folgenden entworfene Regelung vermag die durch die sechste Oberwelle der Störspannungen U_{dS3} und U_{qS3} (aus den Gleichungen (3.42) und (3.43) des abstrahierten Modells) verursachte sechste Harmonische in den Strömen bei konstanter Drehzahl zu kompensieren. Für stationäre Betriebszustände ($\omega_{el} = $ konst., $I_q = $ konst. und $I_d = 0$) verschwindet durch diese Regelung folglich die sechste Harmonische aus den Strömen.

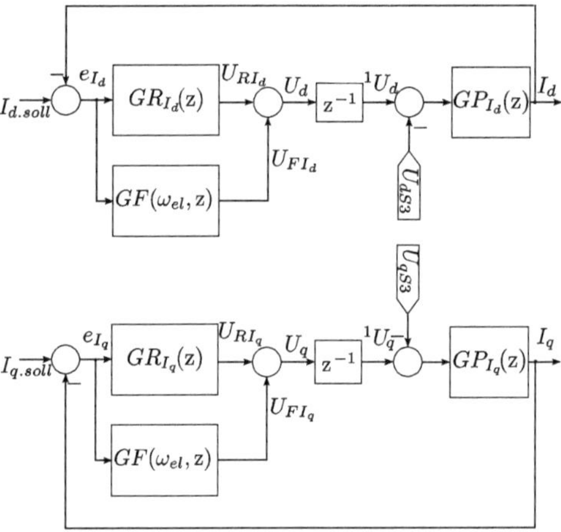

Abbildung 4.8.: Wirkungsplan des grundwellenentkoppelten zeitdiskreten Modells mit Regler und Störgrößenkompensationsfilter

Um die Regelung zu entwerfen, werden Längs- und Querstromzweig zunächst als grundwellenentkoppelt angenommen. Das bedeutet, dass die Grundwellenkopplung ($\omega_{el}\Psi_{d0}$, $\omega_{el}\Psi_{q0}$) durch die Vorsteuerung (U_{vI_d}, U_{vI_q} in Abbildung 4.3) exakt kompensiert wird. Das grundwellenentkoppelte Maschinenmodell wird durch zwei PT_1-Glieder ersetzt, welche jeweils mit den Nominalparametern der Maschine zeitdiskretisiert werden ($GP_{I_d}(z)$, $GP_{I_q}(z)$). Abbildung 4.8 illustriert das zeitdiskrete System. Die Grundwellenkopplung sowie die Vorsteuerungen in den Reglern wird dabei nicht abgebildet, da sich diese Signale gegenseitig aufheben. Zusätzlich zu der herkömmlichen Regelung wird in jedem Zweig ein zeitdiskretes Filter $GF(\omega_{el},z)$ parallel zum Regler geschaltet.

Das Filter muss zwei Bedingungen erfüllen:

1. Die Störgrößenübertragungsfunktionen für die geschlossenen Stromregelkreise müssen jeweils für die sechste Harmonische ein konjugiert-komplexes Nullstellenpaar haben:

$$G_{UdS3}^{I_d}(z = e^{(\pm j \cdot 6 \cdot \omega_{el} \cdot T_{AI})}) = 0 \tag{4.25}$$

$$G_{UqS3}^{I_q}(z = e^{(\pm j \cdot 6 \cdot \omega_{el} \cdot T_{AI})}) = 0 \tag{4.26}$$

Damit werden die Störgrößen U_{dS3} und U_{qS3} gesperrt.

2. Jeder der beiden Regelkreise muss stabil sein.

Um Bedingung 1 zu erfüllen, werden die Störübertragungsfunktionen beider Regelkreise analysiert. Dabei gelten folgende Zusammenfassungen[6]:

$$GP_{I_x}(z) = \frac{ZP_{I_x}(z)}{NP_{I_x}(z)} \tag{4.27}$$

$$GR_{I_x}(z) = \frac{ZR_{I_x}(z)}{NR_{I_x}(z)} \tag{4.28}$$

$$GF(\omega_{el}, z) = \frac{ZF(z)}{NF(z)} \tag{4.29}$$

Die Störübertragungsfunktion für den jeweiligen geschlossenen Regelkreis gemäß Bild 4.8 lautet:

$$G_{UxS3}^{I_x}(z) = \frac{-NF \cdot ZP_{I_x} \cdot z \cdot NR_{I_x}}{ZP_{I_x} \cdot ZR_{I_x} + ZF \cdot ZP_{I_x} + NF \cdot NP_{I_x} \cdot z \cdot NR_{I_x}} \tag{4.30}$$

Ohne genauere Angaben zu dem Inhalt der einzelnen Terme in Gleichung (4.30) zu haben, lässt sich erkennen, dass die Nullstellen der Funktion durch das Produkt $NF \cdot ZP_{I_x} \cdot z \cdot NR_{I_x}$ bestimmt wird. Der Nenner NF der Filterübertragungsfunktion ist damit der einzige frei wählbare Term zur Erfüllung der Bedingung 1. Der Nenner des Filters wird somit zur Nullstelle der Störübertragungsfunktion. Mit dem Ansatz:

$$GF(\omega_{el}, z) = \frac{ZF}{z^2 - 2 \cdot \cos(6 \cdot \omega_{el} \cdot T_{AI}) \cdot z + 1} \tag{4.31}$$

wird Bedingung 1 erfüllt. Es handelt sich dabei um einen zeitdiskreten Oszillator mit der Resonanzkreisfrequenz $6 \cdot \omega_{el}$.

---

[6]Der Platzhalter „x" steht für „d" beziehungsweise „q";
„Z" steht für „Zähler", „N" für „Nenner".

Das Filter wird folglich drehzahlabhängig nachgeführt. Die Stabilität der Systeme (Bedingung 2) ist damit auch drehzahlabhängig und muss über den relevanten Drehzahlbereich der Maschine gewährleistet werden. Das Zählerpolynom ZF des Filters gibt einen Freiheitsgrad zur Stabilisierung der Systeme.

Abbildung 4.9(a) zeigt die zeitdiskrete Wurzelortskurve der Störübertragungsfunktion des geschlossenen Stromregelkreises mit Nominalparametern, drehzahlabhängig nachgeführtem Nennerpolynom des Filters und dem folgenden Ansatz für das Zählerpolynom des Filters:

$$ZF = -1 \cdot z^2 \; \text{V/A} \tag{4.32}$$

Man erkennt deutlich den drehzahlabhängigen Verlauf des konjugiert-komplexen Nullstellenpaars $N3'$ und $N4'$, welches im stationären Zustand das Sperren der Störgrößen U_{xS3} bewirkt. Das Nullstellenpaar verläuft wie gefordert auf dem Einheitskreis. Die übrigen Nullstellen $N1'$ und $N2'$ werden nicht durch das Nachführen des Filters beeinflusst.

Um die Stabilität des Systems zu beurteilen, ist die Lage seiner Polstellen relevant. Ein zeitdiskretes System ist stabil, sofern sich alle Polstellen im Inneren des Einheitskreises in der z-Ebene befinden [35, 36, 38].

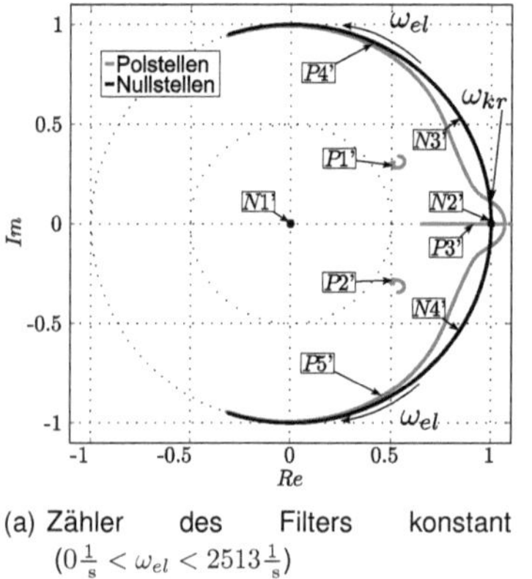

(a) Zähler des Filters konstant ($0\frac{1}{\text{s}} < \omega_{el} < 2513\frac{1}{\text{s}}$)

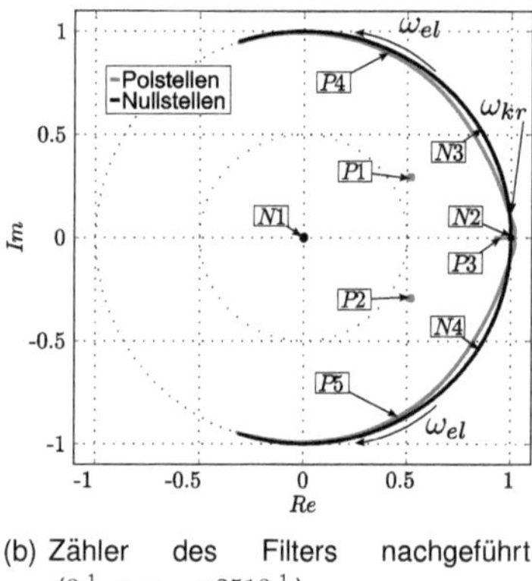

(b) Zähler des Filters nachgeführt ($0\frac{1}{\text{s}} < \omega_{el} < 2513\frac{1}{\text{s}}$)

Abbildung 4.9.: Wurzelortskurve eines in Abbildung 4.8 dargestellten Regelkreises mit Nominalparametern und nachgeführtem Filter im positiven, zulässigen Drehzahlbereich

Kritisch für die Stabilität ist folglich das Polstellenpaar $P4'$ und $P5'$, welches sich für Drehzahlen[7] $\omega_{el} < \omega_{kr} = 419\frac{1}{\text{s}}$ außerhalb des Einheitskreises befindet.

---

[7]entspricht bei einer achtpoligen Maschine $1000\;\text{min}^{-1}$

Durch einen neuen Ansatz für das Zählerpolynom

$$ZF = -\sin(6 \cdot |\omega_{el}| \cdot T_{AI}) \cdot z^2 \ \mathrm{V/A} \tag{4.33}$$

kann die Verstärkung des Filters durch Nachführen bei kleinen Drehzahlen reduziert und somit der Bereich der Stabilität des Gesamtsystem vergrößert werden. Abbildung 4.9(b) zeigt die Wurzelortskurve des Systems mit nachgeführter Filterverstärkung. Das Polstellenpaar $P4$ und $P5$ verlässt hier den Stabilitätsbereich erst bei Drehzahlen[8] $\omega_{el} < \omega_{kr} = 217\frac{1}{\mathrm{s}}$. Das Absenken der Filterverstärkung verlängert die Einschwingzeit des Filters.

Die die Lage der Polstellen $P1$ und $P2$ wird kaum durch das Nachführen des Filters beeinflusst. Die Polstelle $P3$ verläuft auf der realen Achse bei steigender Drehzahl in Richtung der Nullstelle $N2$, welche vom I-Anteil des Stromreglers kommt.

Durch die Verwendung jeweils eines zum herkömmlichen PI-Reglers parallel geschalteten Filters $GF(\omega_{el}, z)$ in beiden grundwellenentkoppelten Regelkreisen kann in stationären Zuständen die sechste Harmonische in den Strömen beseitigt werden. Beide Regelkreise werden jedoch bei geringen Drehzahlen ($\omega_{el} < \omega_{kr}$) instabil. Wie in den Gleichungen (3.42) und (3.43) zu sehen ist, sind sowohl die Amplituden als auch die Frequenzen der Störspannungen U_{xS3} proportional zur Drehzahl der Maschine. Des Weiteren sind die Fähigkeiten der PI-Regler zur Ausregelung von Störgrößen mit geringen Frequenzen besser als von Störgrößen mit hohen Frequenzen. Schaltet man die Filter also bei geringen Drehzahlen zur Gewährleistung der Stabilität vollständig ab, können die PI-Regler die mit geringer Amplitude auftretenden niederfrequenten Störgrößen hinreichend gut ausregeln. Die Drehzahl, ab welcher das Filter abgeschaltet werden sollte, richtet sich nach den Maschinenparametern und nach der gewünschten Robustheit des Systems. Im Folgenden wird von Filterfunktionen entsprechend der Gleichungen (4.31) und (4.33) ausgegangen, welche unterhalb eines Drehzahlbetrags von $1000 \ \mathrm{min}^{-1}$ ausgeschaltet werden.

4.2.2.1. Robustheit der filterbasierten Kompensation

Bei der Betrachtung der Wurzelortskurven des geschlossenen Stromregelkreises (Abbildung 4.9) fällt auf, dass sich die Polstellen $P4'$ und $P5'$ beziehungsweise $P4$ und $P5$ bei hohen Drehzahlen an den Einheitskreis und somit an die Stabilitätsgrenze annähern. Diese Tatsache wirft die Frage nach der Robustheit des Systems gegen Parameterunsicherheit auf. Parameter, welche sich ändern oder nicht genau bekannt

---

[8]entspricht bei einer achtpoligen Maschine $510 \ \mathrm{min}^{-1}$

sein können, sind der ohmsche Widerstand R sowie die Längs- und Querinduktivität der Maschine (L_d, L_q). Typischerweise ändert sich der Widerstand durch Erwärmung der Maschinenwicklung in seinem Wert ausschließlich nach oben, während sich die Induktivitäten durch magnetische Sättigung in ihren Werten nur nach unten ändern. Durch numerische Analyse der Polstellen des Systems kann gezeigt werden, dass sich durch die genannten Parametervariationen nur die kritische Drehzahl ω_{kr} verschiebt. Die Stabilität bei hohen Drehzahlen bleibt erhalten. Die Drehzahl, ab welcher das Filter abgeschaltet wird, muss also wohl überlegt sein.

4.2.2.2. Simulationsergebnisse zur Regelung mit Störgrößenkompensationsfiltern

Der Einfluss der theoretisch angesetzten Störgrößenkompensationsfilter wird zunächst simulativ für konstante Drehzahl und konstanten Querstromsollwert untersucht. Als Prozessmodell dient dabei das zeitkontinuierliche Modell einer permanentmagneterregten Synchronmaschine mit Einzelzahnwicklung auf Basis eines magnetischen Widerstandsnetzwerks, welches in Kapitel 2 beschrieben wird. Das Maschinenmodell wird auf einer konstanten Drehzahl $n = 3420\ \mathrm{min}^{-1}$ beziehungsweise mit einer Polpaarzahl von $z_p = 4$ auf einer konstanten elektrischen Kreisfrequenz von $\omega_{el} = 1432.57\ \mathrm{s}^{-1}$ gehalten.

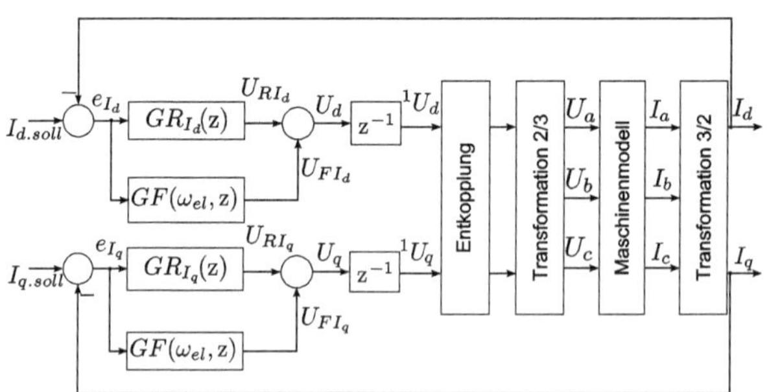

Abbildung 4.10.: Aufbau des Simulationsmodells

Die PI-Stromregler werden als zeitdiskrete Übertragungsfunktionen mit einer Abtastzeit von $T_{AI} = 125\ \mu\mathrm{s}$ in Simulink abgebildet. Parametriert werden sie anhand der Einstellregeln des Betragsoptimums [8] mit den Nominalparametern des Maschinenmodells (siehe Abschnitt 2.5.1 und 4.1.3). Weiterhin werden die Regelstrecken mit den Nominalparametern des Maschinenmodells entkoppelt. Die Totzeit, welche vom digitalen

Regler zur Berechnung der Stellgrößen benötigt wird, wird mit einer Reglerabtastzeit berücksichtigt. Es wird angenommen, dass der Wechselrichter die Stellgröße des Reglers unverzüglich umsetzt. Der Wechselrichter wird nicht modelliert.

Jeweils parallel zum Längs- und Querstromregler wird für die im Folgenden gezeigten Simulationsergebnisse ein Störgrößenkompensationsfilter geschaltet. Sie werden ebenso wie die Stromregler als zeitdiskrete Übertragungsfunktionen in Simulink implementiert. Die beiden Filter werden auf die Istdrehzahl $n = 3420\,\mathrm{min}^{-1}$ eingestellt. Mit einer Polpaarzahl $z_p = 4$ fällt die Frequenz der sechsten Harmonischen auf:

$$f_6 = 6 \cdot z_p \cdot \frac{n}{60} \tag{4.34}$$

$$= 1368\,\mathrm{Hz} \tag{4.35}$$

Die Kreisfrequenz der sechsten Harmonischen ist folglich

$$\omega_6 = 6 \cdot z_p \cdot \frac{2 \cdot \pi \cdot n}{60} \tag{4.36}$$

$$= 2 \cdot \pi \cdot f_6 \tag{4.37}$$

$$= 8595.4\,\frac{1}{\mathrm{s}} \tag{4.38}$$

Gemäß der Gleichungen (4.31) und (4.33) lautet die Übertragungsfunktion der Filter für die genannte Drehzahl:

$$GF\left(\omega_{el} = 1432.57\,\frac{1}{\mathrm{s}}, \mathrm{z}\right) = \frac{-0.88 \cdot \mathrm{z}^2\,\mathrm{V/A}}{\mathrm{z}^2 - 0.9525 \cdot \mathrm{z} + 1} \tag{4.39}$$

Der Wirkungsplan 4.10 erklärt die Struktur des Simulationsmodells. Die Blöcke Transformation 2/3 beziehungsweise Transformation 3/2 enthalten die Koordinatentransformationen vom rotorfesten Koordinatensystem in das Strangkoordinatensystem beziehungsweise umgekehrt.

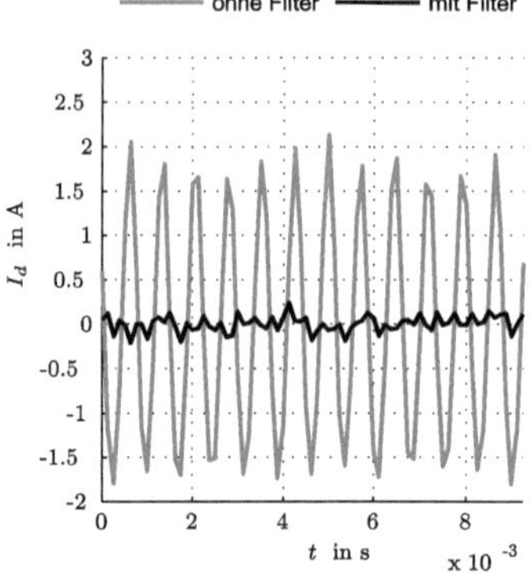

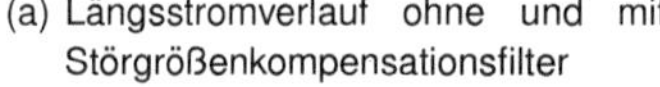

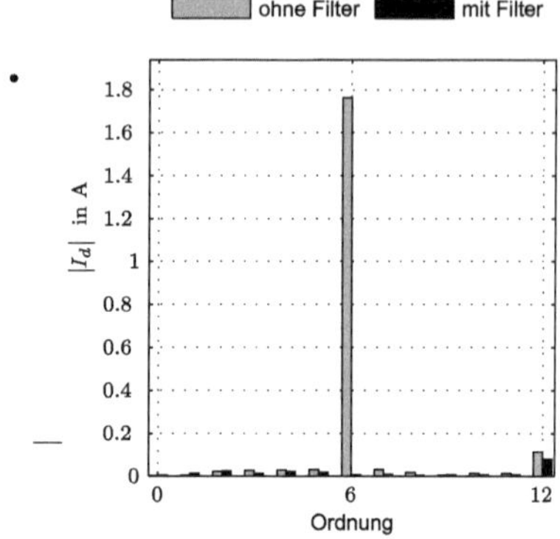

(a) Längsstromverlauf ohne und mit Störgrößenkompensationsfilter

(b) Spektrum des Längsstromverlaufs ohne und mit Störgrößenkompensationsfilter

Abbildung 4.11.: Simulierter Längsstrom ohne und mit Störgrößenkompensationsfilter bei konstanter Drehzahl $n = 3420\,\mathrm{min}^{-1}$ und konstantem Sollstrom $I_{q,soll} = 30.7\,\mathrm{A}$

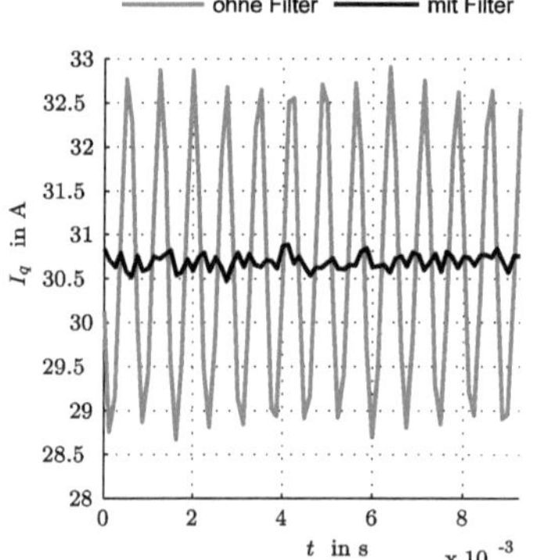

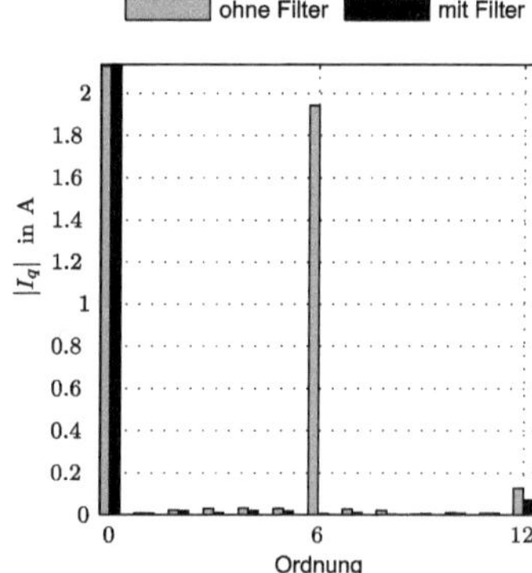

(a) Querstromverlauf ohne und mit Störgrößenkompensationsfilter

(b) Oberwellengehalt im Querstromverlauf ohne und mit Störgrößenkompensationsfilter

Abbildung 4.12.: Simulierter Querstrom ohne und mit Störgrößenkompensationsfilter bei konstanter Drehzahl $n = 3420\,\mathrm{min}^{-1}$ und konstantem Sollstrom $I_{q,soll} = 30.7\,\mathrm{A}$

Abbildung 4.11 zeigt den simulierten Einfluss der Filter auf den Längsstrom. Durch die Filter wird die sechste Harmonische fast vollständig eliminiert (Abbildung 4.11(b)) und damit der Signalverlauf geglättet (Abbildung 4.11(a)).

Der selbe Effekt zeigt sich im Verlauf des Querstromsignals in Abbildung 4.12. Durch die Kompensation der sechsten Harmonischen (Abbildung 4.12(b)) wird der Querstrom geglättet (Abbildung 4.12(a)). Der Gleichanteil (0. Ordnung) wird in diesem Diagramm aufgrund der Skalierung der Stromachse nicht voll dargestellt, um die Einflüsse der Filter auf die sechste Harmonische zu verdeutlichen.

In den Spektren beider Ströme zeigt sich durch die Filter auch eine geringfügige Verringerung der Amplitude der zwölften Harmonischen. Dies mag daran liegen, dass durch die Glättung der Ströme und dem dadurch niedrigeren Maximalstrom das Eisen weniger gesättigt wird.

4.2.2.3. Messergebnisse zur Regelung mit Störgrößenkompensationsfiltern

In diesem Abschnitt wird der Einfluss der Störgrößenkompensationsfilter messtechnisch bei einer Fahrt mit konstanter Drehzahl und konstantem Querstromsollwert untersucht. Zu diesem Zweck wird die Funktion der Filter in der Programmiersprache C echtzeitfähig in der Firmware eines Antriebsreglers implementiert.

Um Messergebnisse für eine Fahrt mit konstanter Drehzahl und konstantem Querstromsollwert analog zur Simulation (Abschnitt 4.2.2.2) zu generieren, wird ein Versuchsaufbau entsprechend der Beschreibung in Kapitel 4.1.6.2 beziehungsweise Abbildung 4.17 verwendet. Der Versuchsmotor wird dabei in Drehmomentenregelung (eigentlich in Stromregelung) mit der modifizierten Firmware betrieben und durch einen Antriebsmotor auf konstanter Drehzahl gehalten.

Wie in der Simulation (Abschnitt 4.2.2.2) werden jeweils parallel zum Längs- und Querstromregler Störgrößenkompensationsfilter geschaltet. Dies geschieht durch die Implementierung der Filter-Differenzengleichungen im Firmwarecode. Die beiden Filter werden auf die Istdrehzahl $n = 3420 \ \mathrm{min}^{-1}$ eingestellt.

Abbildung 4.13 illustriert den gemessenen Einfluss der Filter auf das Längsstromsignal. Bild 4.13(a) vergleicht eine Messung ohne Filter mit einer Messung mit Filter im Zeitbereich. Die Filter führen zu einer deutlichen Glättung des Stromverlaufs. Durch Diagramm 4.13(b) wird gezeigt, dass durch die Filter die Kompensation der sechsten Harmonischen erreicht wird.

Abbildung 4.14 zeigt den Einfluss der Filter auf das Querstromsignal. Ähnlich wie beim Längsstrom wird auch hier gezeigt, dass durch die Filter das Querstromsignal geglättet wird (Abbildung 4.14(a)), indem die sechste Harmonische kompensiert wird (Abbildung 4.14(b)).

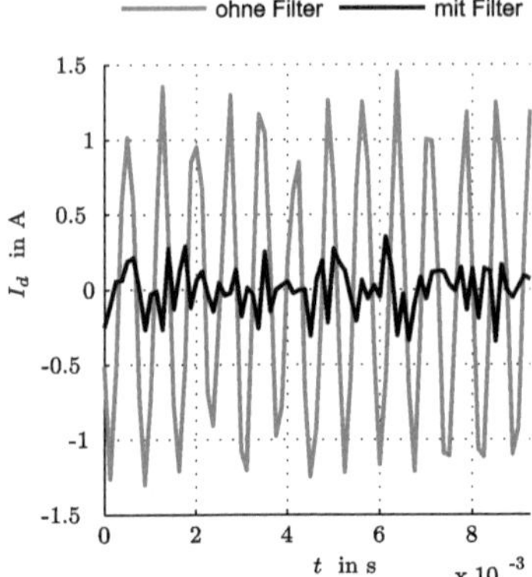

(a) Längsstromverlauf ohne und mit Störgrößenkompensationsfilter bei konstanter Drehzahl $n = 3420\,\mathrm{min}^{-1}$ und konstantem Sollstrom $I_{q,soll} = 30.7\,\mathrm{A}$

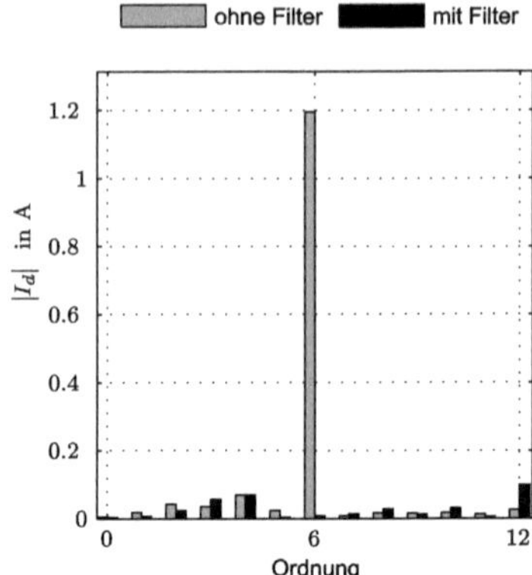

(b) Spektrum des Längsstromverlaufs ohne und mit Störgrößenkompensationsfilter bei konstanter Drehzahl $n = 3420\,\mathrm{min}^{-1}$ und konstantem Sollstrom $I_{q,soll} = 30.7\,\mathrm{A}$

Abbildung 4.13.: Gemessener Längsstrom ohne und mit Störgrößenkompensationsfilter bei konstanter Drehzahl $n = 3420\,\mathrm{min}^{-1}$ und konstantem Sollstrom $I_{q,soll} = 30.7\,\mathrm{A}$

Im Gegensatz zur Simulation wird in der Realität durch die Kompensationsfilter die zwölfte Harmonische in beiden Strömen verstärkt. Die Verringerung der sechsten Harmonischen ist allerdings wesentlich größer, als die Verstärkung der zwölften. Eine Erklärung für diese Erscheinung konnte bislang nicht gefunden werden. Die Tatsache, dass die Amplitude der sechsten Harmonischen ohne Filter in der Simulation größer ausfällt, als in der Messung, ist allgemein auf Unterschiede zwischen dem Modell und der Realität zurückzuführen.

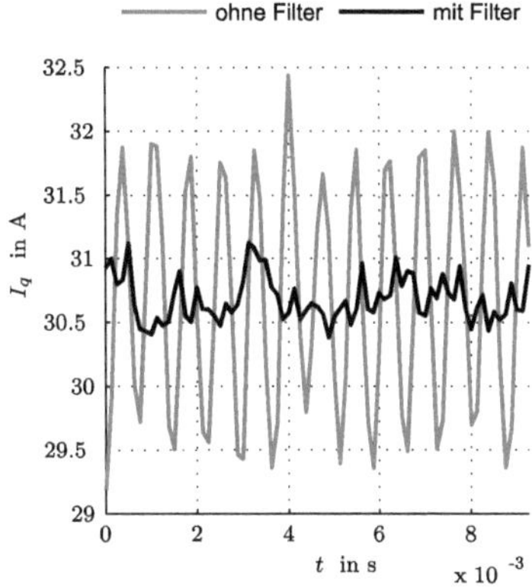

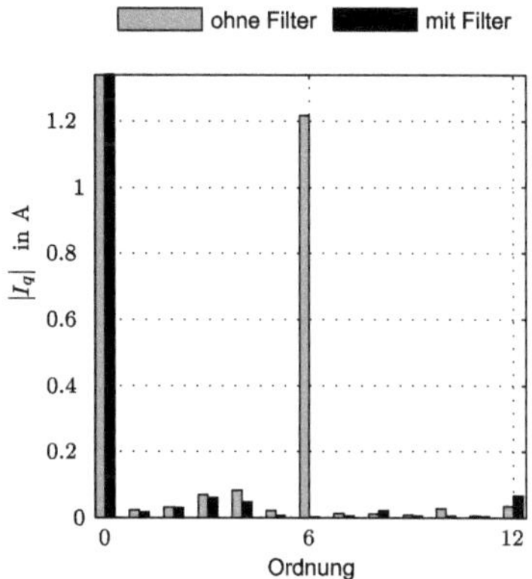

(a) Querstromverlauf ohne und mit Störgrößenkompensationsfilter

(b) Spektrum des Querstromverlaufs ohne und mit Störgrößenkompensationsfilter

Abbildung 4.14.: Gemessener Querstrom ohne und mit Störgrößenkompensationsfilter bei konstanter Drehzahl $n = 3420\,\mathrm{min}^{-1}$ und konstantem Sollstrom $I_{q,soll} = 30.7\,\mathrm{A}$

4.2.2.4. Nachteile des Filters

In den Abschnitten 4.2.2.2 und 4.2.2.3 werden die Einflüsse der in Kapitel 4.2.2 eingeführten Störgrößenkompensationsfilter bei Fahrten mit konstanter Geschwindigkeit und konstantem Querstromsollwert durch Simulations- und Messergebnisse demonstriert. Für den Betrieb von Servomaschinen wird allerdings im Allgemeinen eine hohe Dynamik gefordert. Dies bedeutet, dass sich sowohl die Maschinendrehzahl als auch der Querstromsollwert schnell ändern können.

Für die Untersuchung des Einflusses der Störgrößenkompensationsfilter auf instationäre Vorgänge wird das Modell einer stromgeregelten permanentmagneterregten Synchronmaschine mit Einzelzahnwicklung verwendet, wie es bereits in 4.2.2.2 beschrieben wird. Die simulierte Maschinendrehzahl ist konstant und beträgt $n = 2000\,\mathrm{min}^{-1}$. Die Filter sind auf diese Drehzahl eingestellt. Der Querstromsollwert beträgt zu Beginn der Simulation $I_{q,soll} = 0\,\mathrm{A}$ und springt nach $4\,\mathrm{ms}$ auf $I_{q,soll} = 33.3\,\mathrm{A}$.

Abbildung 4.15 vergleicht die Systemantwort auf den Querstromsollwertsprung mit und ohne Störgrößenkompensationsfilter. Direkt nach dem Sprung erfolgt in den Istwerten der Maschinenströme durch die Filter eine deutliche Oszillation. Der Spitzenwert des

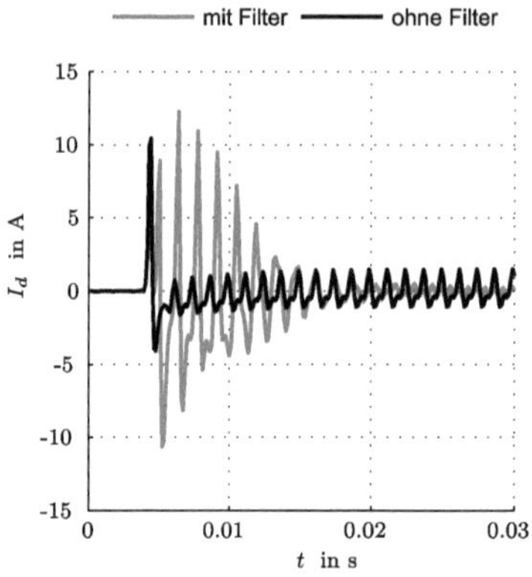

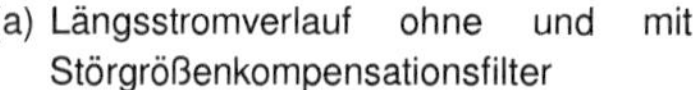

(a) Längsstromverlauf ohne und mit Störgrößenkompensationsfilter

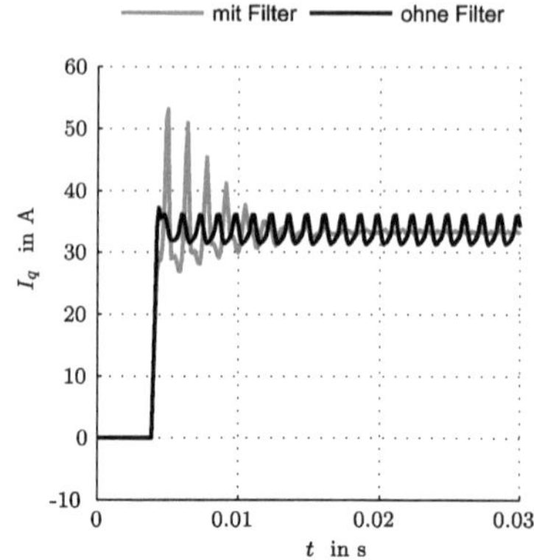

(b) Querstromverlauf ohne und mit Störgrößenkompensationsfilter

Abbildung 4.15.: Simulierte Sprungantwort der stromgeregelten Maschine mit und ohne Störgrößenkompensationsfilter bei konstanter Drehzahl $n = 2000 \text{ min}^{-1}$ und Querstromsollwertsprung auf $I_{q,soll} = 33.3$ A

Querstroms erreicht einen Maximalwert von $I_{q,ist} = 52$ A und schwingt damit um circa 56% über. Nach dem Abklingen der Oszillationen stellt sich der geglättete Istwertverlauf in beiden Strömen ein, wie bereits in Abschnitt 4.2.2.2 gezeigt. Der Verlauf des Querstromistwerts verläuft ohne Kompensationsfilter direkt nach dem Sprung wesentlich glatter als mit Filter, behält jedoch die sechste Harmonische bei, die es zu kompensieren gilt. Sowohl das starke Überschwingen als auch die Oszillationen in den störgrößenkompensierten Sprungantworten können nicht toleriert werden.

Aufgrund der ungünstigen Simulationsergebnisse wird auf Messungen im Grenzbereich verzichtet. Simulationen und Messungen in Bereichen ohne oder mit geringer magnetischer Sättigung fallen unkritisch aus und werden hier nicht dargestellt. Als Ausschlusskriterium für die Filter ist es ausreichend, dass ein einzelnes sehr wichtiges Szenario zu einem unerwünschten Systemverhalten führt.

4.2.3. Ansatz für eine Erweiterung der heutigen Stromregelung durch Vorsteuerung

Da Servoantriebe meist zur Durchführung hochdynamischer Bewegungen mit hohen Ruck- und Beschleunigungswerten verwendet werden, bedeuten die Bedingungen (ω_{el} = konst., I_q = konst. und I_d = 0) für die Funktion des in Abschnitt 4.2.2 angesetzten Filters eine erhebliche Einschränkung seiner Anwendbarkeit.

Der Ansatz hinter der in diesem Kapitel entwickelten Regelung ist die Synthese der Ausgänge der Störgrößenkompensationsfilter, ohne die Dynamik beziehungsweise das Einschwingverhalten der Filter in Kauf nehmen zu müssen. Um die im instationären Betrieb negativen Einflüsse der Störgrößenkompensationsfilter auf das Führungsverhalten der Stromregelkreise (Abschnitt 4.2.2.4) zu umgehen, werden zur Kompensation der Störspannungen U_{dS3} und U_{qS3} jeweils im Längs- und im Querstromregelkreis Kompensationsspannungen U_{dK} und U_{qK} direkt und ohne Filter aufgeschaltet (siehe Wirkungsplan 4.16). Die Kompensationsspannungen sollen zu den Ausgängen der eingeschwungenen Filter im stationären Betrieb identisch sein. In den folgenden Abschnitten wird die Störgrößenkompensation mit den bereits beschriebenen Kompensationsfiltern in eine vorsteuernde Störgrößenkompensation überführt.

Um die Kompensationsspannungen U_{dK} und U_{qK} zu generieren, wird zuerst der Zusammenhang zwischen den Störspannungen U_{xS3} und den Filterausgängen U_{FI_x} analysiert. Die Störspannungen , welche durch die Störgrößenkompensationsfilter im stationären Betrieb nahezu vollständig kompensiert werden, sind mittelwertfreie Signale mit drehzahlproportionaler querstromabhängiger Amplitude und querstromabhängiger Phasenlage, welche mit dem Sechsfachen der elektrischen Maschinendrehzahl sinusförmig schwingen. Aus den Gleichungen (3.42) und (3.43) kann folgender Ansatz für die Störspannungen U_{xS3} abgeleitet werden:

$$U_{dS3} = \omega_{el} \cdot A_{dS3}(I_q) \cdot \cos(6 \cdot \varphi_{el} + \gamma_{dS3}(I_q)) \tag{4.40}$$

$$U_{qS3} = \omega_{el} \cdot A_{qS3}(I_q) \cdot \cos(6 \cdot \varphi_{el} + \gamma_{qS3}(I_q)) \tag{4.41}$$

Bei A_{xS3} handelt es sich um die drehzahlnormierten Amplitudenanteile der Störspannungen. Die Größen γ_{xS3} sind die Phasenlagen der Signale.

Die Spannungen U_{FI_d} und U_{FI_q} (siehe Abbildung 4.10), welche durch die in Abschnitt 4.2.2 beschriebenen Filter im stationären Betrieb aufgeschaltet werden, müssen zu den Störspannungen U_{xS3} identische Amplituden A_{xS3} besitzen. Die Phasenlagen der Filterausgangssignale sind zu denen der Störspannungen (γ_{xS3}) um π gedreht, um kompensierend zu wirken[9]. Da die Filterausgänge als zeitdiskretes Treppensignal auf eine zeitkontinuierliche Strecke mit Tiefpasscharakter fallen, wirkt für die Filterausgänge eine Totzeit von einer halben Abtastzeit $T_{T1} = 0.5 \cdot T_{AI}$. Zusätzlich wirkt auf die Filterausgänge die Rechenzeit des Reglers als weitere Totzeit von $T_{T2} = T_{AI}$. Die resultierende Totzeit, um welche die Filterausgänge verzögert werden, ist $T_T = T_{T1} + T_{T2} = 1.5 \cdot T_{AI}$ [2], [12, Seite 112], [38, Seite 408 f.], [39, Seite 312.]. Liegt eine Kompensation der Störgrößen U_{dS3} und U_{qS3} durch die Filterausgänge U_{FI_d} und U_{FI_q} vor, müssen die Filterausgänge den Störspannungen zusätzlich zur Phasendrehung um π noch um die Totzeit T_T vorlaufen:

$$U_{FI_d} = \omega_{el} \cdot A_{dS3}(I_q) \cdot \cos(6 \cdot \omega_{el} \cdot (t + T_T) + \gamma_{dS3}(I_q) + \pi) \qquad (4.42)$$

$$U_{FI_q} = \omega_{el} \cdot A_{qS3}(I_q) \cdot \cos(6 \cdot \omega_{el} \cdot (t + T_T) + \gamma_{qS3}(I_q) + \pi) \qquad (4.43)$$

Daraus folgt:

$$U_{FI_d} = \omega_{el} \cdot A_{dS3}(I_q) \cdot \cos(6 \cdot \varphi_{el} + \gamma_{dS3}(I_q) + \pi + 1.5 \cdot 6 \cdot \omega_{el} \cdot T_{AI}) \qquad (4.44)$$

$$U_{FI_q} = \omega_{el} \cdot A_{qS3}(I_q) \cdot \cos(6 \cdot \varphi_{el} + \gamma_{qS3}(I_q) + \pi + 1.5 \cdot 6 \cdot \omega_{el} \cdot T_{AI}) \qquad (4.45)$$

Aus den Ansätzen für die Störspannungen (Gleichungen (4.40) und (4.41)) können somit die Gleichungen (4.42) und (4.43) als Ansätze für die Filterausgänge gefunden werden. Da für konstante Drehzahlen (wie in diesem Fall vorausgesetzt) $\varphi_{el} = \omega_{el} \cdot t$ gilt, können die Ansätze für die Ausgänge in die Gleichungen (4.44) und (4.45) überführt werden.

Sofern die Kompensationsspannungen U_{dK} und U_{qK} den Filterausgängen U_{FI_d} und U_{FI_q} im stationären Betrieb entsprechen, haben sie (zumindest im stationären Betrieb) die selbe störgrößenkompensierende Wirkung:

$$U_{dK} = U_{FI_d} = \omega_{el} \cdot A_{dS3}(I_q) \cdot \cos(6 \cdot \varphi_{el} + \gamma_{dS3}(I_q) + \pi + 1.5 \cdot 6 \cdot \omega_{el} \cdot T_{AI}) \qquad (4.46)$$

$$U_{qK} = U_{FI_q} = \omega_{el} \cdot A_{qS3}(I_q) \cdot \cos(6 \cdot \varphi_{el} + \gamma_{qS3}(I_q) + \pi + 1.5 \cdot 6 \cdot \omega_{el} \cdot T_{AI}) \qquad (4.47)$$

Die Spannungen U_{dK} und U_{qK} werden folglich anstatt der Filterausgänge U_{FI_d} und U_{FI_q} aufgeschaltet.

Die querstromabhängigen Parameter (drehzahlnormierte Amplituden $A_{dS3}(I_q)$ und $A_{dS3}(I_q)$ sowie ihre Phasenlagen $\gamma_{dS3}(I_q)$ und $\gamma_{qS3}(I_q)$), welche zur Aufschaltung der sinusförmigen Kompensationsspannungen benötigt werden, sind aus Kennfeldern oder aus analytischen Ausgleichsfunktionen auslesbar. Wie diese Kennfelder beziehungsweise Ausgleichsfunktionen ermittelt werden, ist Thema des Kapitels 4.2.3.2.

Abbildung 4.16 zeigt den Wirkungsplan der kennfeldbasierten Vorsteuerung mit Grundwellenentkopplung für den Längs- und Querstromregler. Es werden für jeden Regler jeweils zwei Kennfelder (KF_{x1}, KF_{x2}) benötigt, um die Phasenlagen $\gamma_{xS3} = KF_{x1}(I_q)$ und

---

[9]Statt einer Phasendrehung wäre auch eine Negierung der Amplitude möglich.

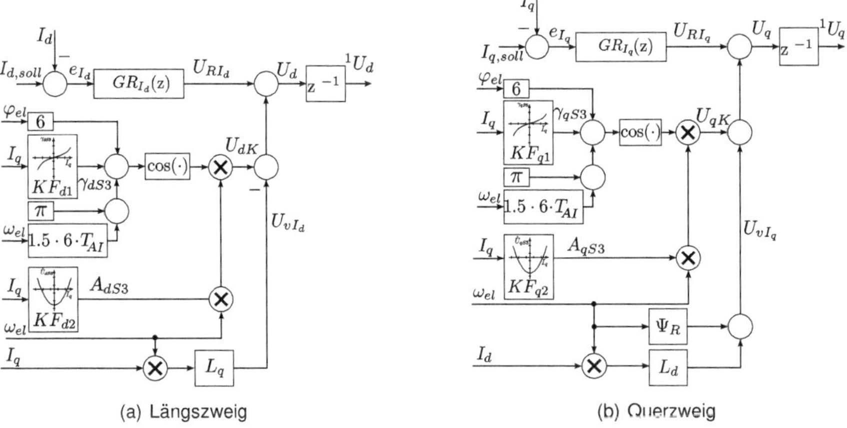

(a) Längszweig   (b) Querzweig

Abbildung 4.16.: Wirkungsplan der zeitdiskreten Regelung mit Grundwellenentkopplung und kennfeldbasierter Störgrößenvorsteuerung

die Amplituden $A_{xS3} = KF_{x2}(I_q))$ der Störspannung U_{xS3} zu bestimmen. Die Phasenlagen werden jeweils um π und um die drehzahlabhängige Größe $1.5 \cdot 6 \cdot \omega_{el} \cdot T_{AI}$ verschoben, um nach der Verzögerung um einen Reglertakt eine Aufhebung der Störsignale U_{xS3} zu erreichen. Die Spannungen U_{vI_d} und U_{vI_q} kompensieren nach ihrer Verzögerung um einen Reglertakt die Grundwellenkopplung. Die Kompensationsspannungen U_{dK} und U_{qK} kompensieren nach der Verzögerung um einen Reglertakt die Störspannungen U_{dS3} und U_{qS3}.

4.2.3.1. Stabilität und Robustheit der Vorsteuerung

In der Regelungstechnik spricht man von Vorsteuerung im eigentlichen Sinne nur dann, wenn direkt aus dem Sollwert einer Regelung eine Stellgröße gebildet wird, ohne sich dabei auf den Istwert der Regelgröße beziehungsweise auf die Regelabweichung oder andere Zustandsgrößen zu beziehen [37, Seite 9 ff.]. In solchen Fällen stellt sich für die Vorsteuerung keine Stabilitäts- oder Robustheitsfrage, denn für den geschlossenen Regler stellt die Vorsteuerung nur eine zusätzliche Eingangsgröße dar, welche nach der linearen Theorie keinen Einfluss auf die Systemstabilität hat.

Im Falle der hier vorgestellten Vorsteuerung zur Störgrößenkompensation werden nicht Sollgrößen, sondern Zustandsgrößen der geschlossenen Stromregelkreise (Querstromistwert, Drehzahl, Rotorlage) zur Berechnung zusätzlicher Stellgrößen verwendet. Obwohl dies der Definition der Vorsteuerung im Sinne von [37, Seite 9 ff.] widerspricht, wird dennoch der Begriff Vorsteuerung verwendet, da hier eine Stellgröße aufgeschaltet wird, ohne dass eine Regelabweichung verwendet wird. Eine Verwendung des Begriffs Vorsteuerung in solchen Zusammenhängen ist in der Literatur durchaus verbreitet (siehe [7]), es wird allerdings selten direkt auf diesen Unterschied hingewiesen. Man könnte die hier beschriebene Vorsteuerung also auch als kennliniengestützte prädiktive Regelung, nichtlineare Zustandsregelung oder Störgrößenentkopplung bezeichnen.

Da Zustandsgrößen zurückgeführt werden, müssen Erwägungen bezüglich der Stabilität und der Robustheit angestellt werden. Die Rückführung der Zustände Querstrom und Rotorlage ist durch die Kennlinien, die $\cos$-Funktion und die Multiplikationen nichtlinear, was eine Stabilitätsanalyse erschwert und spezielle Analysemethoden wie Linearisierung im Arbeitspunkt, Ljapunow-Funktionen oder Ähnliches fordert. Es wurde keine Methode gefunden, um für die Struktur des vorgestellten Systems eine lokale und robuste Stabilität innerhalb des möglichen Betriebsbereiches der Maschine sicherzustellen. Durch die einfache Annahme allerdings, dass die Amplituden der Vorsteuerspannungen U_{xK} begrenzt werden, kann ein destabilisierender Einfluss der Vorsteuerung auf die ursprüngliche, stabile Regelung ausgeschlossen werden. Im ungünstigsten Fall kann sich durch eine falsche oder schlecht parametrierte Vorsteuerung eine dauerhafte Oszillation in den Strömen und der Drehzahl einstellen. In den Simulationen und den Messungen erweist sich die Vorsteuerung als stabil und sehr robust. Dies soll an dieser Stelle als Nachweis genügen.

4.2.3.2. Ermittlung der Kennfelder

Durch die Ausführungen zur vorgesteuerten Störgrößenkompensation beziehungsweise aus dem zugehörigen Wirkungsplan 4.16 wird deutlich, dass zur Berechnung der Kompensationsspannungen U_{dK} und U_{qK} die maschinenspezifischen Informationen über die Phase γ_{xS3} und die Amplitude A_{xS3} der Störspannungen U_{xS3} vorliegen müssen. Wie diese Informationen ermittelt werden, ist Gegenstand dieses Abschnitts.

Theoretisch liegen die Informationen der Kennfelder bereits in dem in Kapitel 2 entwickelten Modell beziehungsweise in den Simulationsergebnissen (Abschnitt 2.5) und den Gleichungen (3.40) bis (3.43) vor. Wie jedoch einleitend zum Magnetkreismodell (Abschnitt 2.2) erwähnt wird, dient dieses Modell zur prinzipiellen Systembeschreibung und nicht zur Bestimmung von genauen Maschinenparametern oder Kennfeldern. Die Kennfelder können folglich nur durch Vermessung des zu regelnden Maschinentyps aufgenommen werden. Die maschinenspezifischen Größen($\Psi_{x6}(I_q)$, $\gamma_x(I_q)$), aus welchen sich die Störspannungen U_{xS3} zusammensetzen (siehe Gleichung (3.40) bis (3.43)), lassen sich nicht mit vertretbarem Aufwand messtechnisch direkt ermitteln, da es eine Messung der magnetischen Flüsse in der Maschine sowie deren Differenziation nach der elektrischen Rotorlage φ_{el} erfordern würde. Um die Störspannungen U_{xS3} mithilfe der im vorigen Abschnitt entwickelten kennfeldbasierten Vorsteuerung zu kompensieren, müssen nur die Phasenlagen und die Amplituden dieser Spannungen und nicht die Flüsse ermittelt werden, die zu diesen Spannungen führen.

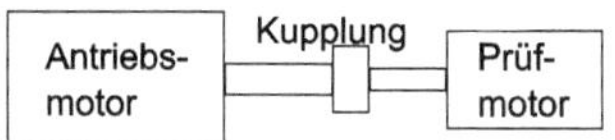

Abbildung 4.17.: Prüfstand zur Kennfeldermittlung

Die Kennfelder KF_{x1} und KF_{x2} dienen zur Kompensation der Störspannungen U_{xS3}. Diese Kompensation erfolgt nach dem in Kapitel 4.2.2 beschriebenen Konzept durch das Störgrößenkompensationsfilter GF. Die Funktion des Filters soll nach der hier entwickelten Methode durch die kennfeldbasierte Vorsteuerung übernommen werden. Die Daten für die Kennfelder werden gebildet, indem die Zustände der Filter GF während einer Referenzfahrt an verschiedenen Betriebspunkten ausgelesen werden. Nach der im Folgenden beschriebenen Methode können die Referenzfahrt und die Datenauswertung zur Kennfeldermittlung völlig automatisch erfolgen.

Um die in Abschnitt 4.2.3 eingeführten Kennfelder zu bestimmen, wird ein Prüfstand entsprechend der Skizze 4.17 aufgebaut. Der Antriebsmotor wird in Drehzahlregelung betrieben und sollte ein höheres Drehmoment als der Prüfmotor abgeben können. Der Prüfmotor, zu welchem die Kennfelder aufgenommen werden sollen, wird möglichst steif an den Antriebsmotor gekuppelt und nach der in Abschnitt 4.2.2 beschriebenen Methode mit Störgrößenkompensationsfiltern parallel zur Standardregelung in Stromregelung betrieben.

Der Antriebsmotor fährt verschiedene Drehzahlen innerhalb des zulässigen Drehzahlbereichs des Prüfmotors ab und hält diese jeweils so lange, bis der Prüfmotor bei dieser Drehzahl eine Sequenz von Querstromsollwerten abgearbeitet hat. Jeder dieser Messzustände wird gehalten, bis die Störgrößenkompensationsfilter in den Stromregelkreisen der Prüfmaschine eingeschwungen sind. Abbildung 4.18 illustriert den Raum der Messzustände. Da für die zu ermittelnden Größen $A_{xS3}(I_q)$ und $\gamma_{xS3}(I_q)$ nur eine Abhängigkeit vom Querstrom und keine Abhängigkeit von der Drehzahl vorliegt, müsste die Motorvermessung nur für eine Drehzahl durchgeführt werden. Um den Einfluss von Messungenauigkeiten zu verringern, können die ermittelten Größen aus den

Messungen bei verschiedenen Drehzahlen gemittelt werden.

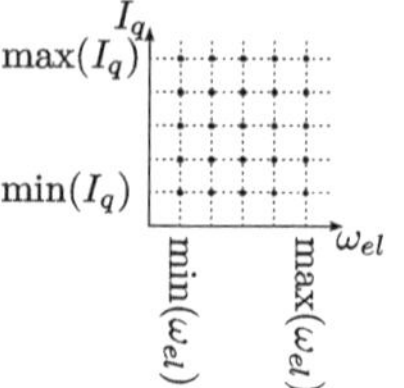

Abbildung 4.18.: Messzustände

Die Filterzustände q_{x1}, q_{x2} der Störgrößenkompensationsfilter werden über die transponierte Direktform II [43] für zeitdiskrete Übertragungsfunktionen definiert. Abbildung 4.19 zeigt die transponierte Direktform II der Störgrößenkompensationsfilter als Wirkungsplan mit den Regelabweichungen e_{I_x} als Filtereingänge, den Kompensationsspannungen U_{FI_x} als Filterausgänge und den Filterzuständen q_{x1} und q_{x2}.

Sobald die Stromregelkreise samt Kompensationsfilter eingeschwungen sind (stationärer Betrieb), sind die Regelabweichungen und somit die Eingänge der Filter $e_{I_d} = 0$ und $e_{I_q} = 0$ (der PI-Stromregler sorgt für eine mittelwertfreie Regelabweichung und die Filter kompensieren die Oszillationen mit der sechsten Harmonischen). Die Filter arbeiten autonom.

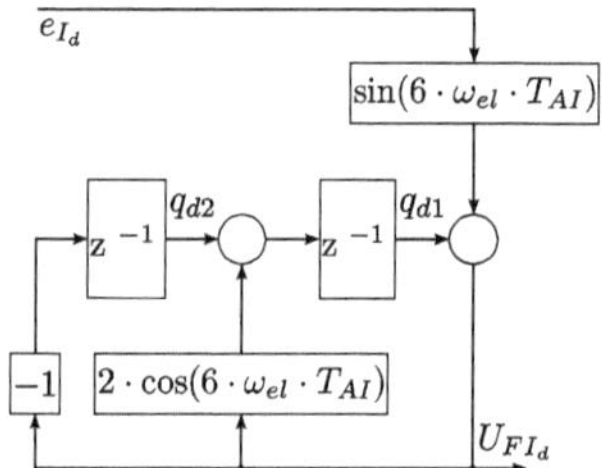

(a) Transponierte Direktform II des Störgrößenkompensationsfilters des Längszweigs

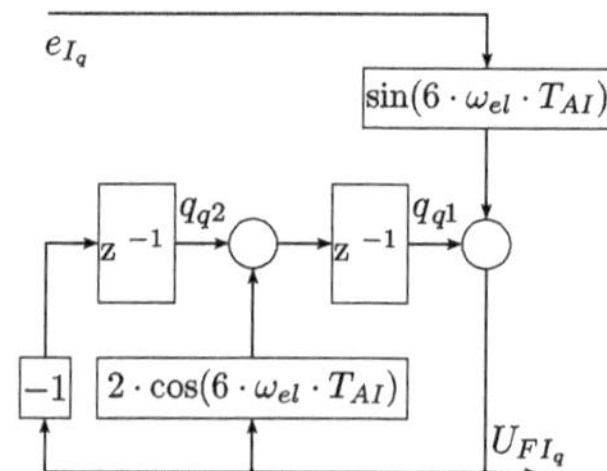

(b) Transponierte Direktform II des Störgrößenkompensationsfilters des Querzweigs

Abbildung 4.19.: Transponierte Direktform II der Störgrößenkompensationsfilter

Die Filterzustände der eingeschwungenen Störgrößenkompensationsfilter im Längszweig (q_{d1}, q_{d2}) und im Querzweig (q_{q1}, q_{q2}) sowie die Rotorlage φ_{el} werden in jedem Messzustand zu einer Reihe von Stromreglertakten abgespeichert. Sind die Filtereingänge $e_{I_d} = 0$ und $e_{I_q} = 0$, entsprechen die Zustände q_{x2} den negierten und um einen Reglertakt T_{AI} beziehungsweise um den Winkel $6 \cdot \omega_{el} \cdot T_{AI}$ verzögerten Zuständen q_{x1}. Die Filterzustände q_{x1} sind mit den Filterausgängen U_{FI_x} identisch (siehe Wirkungsplan 4.19) und können somit aus den Gleichung (4.46) und (4.47) abgeleitet werden. Im stationären, eingeschwungenen Betrieb gelten folglich zu jedem Stromreglerabtastzeitpunkt $t = k_I \cdot T_{AI}$ für die Zustände beider Filter die Zusammenhänge:

$$q_{x1}(k_I) = \omega_{el} \cdot A_{xS3}(I_q) \tag{4.48}$$
$$\cdot \cos\left(6 \cdot \varphi_{el}(k_I) + \gamma_{xS3}(I_q) + \pi + 1.5 \cdot 6 \cdot \omega_{el} \cdot T_{AI}\right) \qquad \text{mit } k_I = 0, 1, 2, \ldots$$

$$q_{x2}(k_I) = -\omega_{el} \cdot A_{xS3}(I_q) \tag{4.49}$$
$$\cdot \cos\left(6 \cdot \varphi_{el}(k_I) + \gamma_{xS3}(I_q) + \pi + 1.5 \cdot 6 \cdot \omega_{el} \cdot T_{AI} - 6 \cdot \omega_{el} \cdot T_{AI}\right) \quad \text{mit } k_I = 0, 1, 2, \ldots$$

Die zwei Gleichungen (4.48) und (4.49) haben zu jedem Reglertakt k_I die zwei Unbekannten $A_{xS3}(I_q)$ (Amplitude) und $\gamma_{xS3}(I_q)$ (Phasenlage). Ziel der folgenden Rechnung ist die Extraktion der Amplituden und der Phasenlagen aus den Filterzuständen der eingeschwungenen, autonomen Filter GF. Dabei lässt sich schon in den zwei Gleichungen erkennen, dass es aufgrund der Periodizität der cos-Funktion unendlich vielen Lösungen gibt. Wie später gezeigt werden wird, kann dies genutzt werden, um möglichst günstige Lösungen auszuwählen.

Für den allgemeinen Fall, dass $q_{x1} \neq 0$ ist, lässt sich die Amplitude $A_{xS3}(I_q)$ in den Gleichungen (4.48) und (4.49) eliminieren[10]:

$$\cos(6 \cdot \varphi_{el}(k_I) + \gamma_{xS3}(I_q) + \pi + 1.5 \cdot 6 \cdot \omega_{el} \cdot T_{AI} - 6 \cdot \omega_{el} \cdot T_{AI})$$
$$= -\frac{q_{x2}(k_I)}{q_{x1}(k_I)} \cdot \cos(6 \cdot \varphi_{el}(k_I) + \gamma_{xS3}(I_q) + \pi + 1.5 \cdot 6 \cdot \omega_{el} \cdot T_{AI}) \tag{4.50}$$

Aus Theoremen für trigonometrische Funktionen lässt sich folgendes ableiten:

$$\cos(6\varphi_{el}(k_I) + \gamma_{xS3}(I_q) + \pi + 1.5 \cdot 6 \cdot \omega_{el} \cdot T_{AI}) \cos(6\omega_{el}T_{AI})$$
$$+ \sin(6\varphi_{el}(k_I) + \gamma_{xS3}(I_q) + \pi + 1.5 \cdot 6 \cdot \omega_{el} \cdot T_{AI}) \sin(6\omega_{el}T_{AI})$$
$$= -\frac{q_{x2}}{q_{x1}} \cos(6\varphi_{el}(k_I) + \gamma_{xS3}(I_q) + \pi + 1.5 \cdot 6 \cdot \omega_{el} \cdot T_{AI})$$
$$\Leftrightarrow$$
$$\cos(6 \cdot \omega_{el} \cdot T_{AI}) + \tan(6 \cdot \varphi_{el}(k_I) + \gamma_{xS3}(I_q) + \pi + 1.5 \cdot 6 \cdot \omega_{el} \cdot T_{AI}) \cdot \sin(6 \cdot \omega_{el} \cdot T_{AI})$$
$$= -\frac{q_{x2}}{q_{x1}} \tag{4.51}$$

Die Phasenlage der Kompensationsspannung γ_{xS3} berechnet sich folglich zu

$$\gamma'_{xS3}(I_q) = \mathrm{mod}\left[\arctan\left(-\frac{q_{x2} + q_{x1}\cos(6 \cdot \omega_{el} \cdot T_A^I)}{q_{x1}\sin(6 \cdot \omega_{el} \cdot T_{AI})}\right)\right.$$
$$\left. -\pi - 1.5 \cdot 6 \cdot \omega_{el} \cdot T_{AI} - 6 \cdot \varphi_{el}(k_I), 2\pi\right] \tag{4.52}$$

---

[10]Aus numerischen Gründen empfiehlt es sich, eine untere Betragsgrenze festzusetzen: $|q_{x1}| > \epsilon$

Die Phase wird in dem letzten Schritt über die Modulo-Operation auf den Bereich zwischen 0 und 2π abgebildet. Dies ist deswegen von Vorteil, da je nach Definition der Rotorlage der elektrische Winkel φ_{el} beliebige reelle Zahlen annehmen kann. Da die Phasenlage bei der Vorsteuerung auf eine periodische trigonometrische Funktion ($\cos$) angewendet wird (siehe Abbildung 4.16), stellt die Modulo-Operation keine Ergebnisverfälschung dar. Die Modulo-Operation ist hier im mathematischen Sinne entsprechend [57] definiert und gilt sowohl im Dividenden als auch im Argument für beliebige positive und negative reelle Zahlen. Die Notation $\gamma'_{xS3}(I_q)$ statt $\gamma_{xS3}(I_q)$ deutet an, dass es sich um eine aus vielen möglichen Lösungen handelt.

Sollte die oben genannte Bedingung nicht greifen ($q_{x1} = 0$)[11], kann die Phasenlage γ_x^λ der Kompensationsspannung direkt aus Gleichung (4.48) bestimmt werden:

$$\gamma'_{xS3}(I_q) = \quad \mathrm{mod} \left[\frac{\pi}{2} - \pi - 1.5 \cdot 6 \cdot \omega_{el} \cdot T_{AI} - 6 \cdot \varphi_{el}(k_I), 2\pi \right] \qquad (4.53)$$

Für die Lösungen der Phasenlagen (Gleichung (4.52) und (4.53)) gibt es entsprechend der Gesetze für trigonometrische Funktionen unendlich viele Lösungen, die jeweils um π voneinander verschoben sind. Die $\arctan$-Funktion hat einen Wertebereich von $-\frac{\pi}{2}$ bis $\frac{\pi}{2}$. Der gesamte Definitionsbereich wird in dieses Intervall abgebildet. Diese Lösungsvielfalt kann in den folgenden Schritten reduziert, aber nicht beseitigt werden. Die verbleibende Lösungsvielfalt stellt für die kennfeldbasierte Vorsteuerung kein Problem dar.

Mithilfe der Phasenlagen $\gamma'_{xS3}(I_q)$ (Gleichung (4.52) und (4.53)) lassen sich die Amplituden $A'_{xS3}(I_q)$ direkt aus den Gleichungen (4.48) beziehungsweise (4.49) berechnen:

$$A'_{xS3}(I_q) = \begin{cases} \dfrac{q_{x1}}{\omega_{el} \cdot \cos(6 \cdot \varphi_{el}(k_I) + \gamma_{xS3}(I_q) + \pi + 1.5 \cdot 6 \cdot \omega_{el} \cdot T_{AI})} & \text{für } q_{x1} \neq 0 \\[2em] \dfrac{-q_{x2}}{\omega_{el} \cdot \cos\left(6 \cdot \varphi_{el}(k_I) + \gamma_{xS3}(I_q) + \pi + 1.5 \cdot 6 \cdot \omega_{el} \cdot T_{AI} - 6 \cdot \omega_{el} \cdot T_A^I\right)} & \text{für } q_{x1} = 0 \end{cases} \qquad (4.54)$$

Auch hier deutet die Notation $A'_{xS3}(I_q)$ statt $A_{xS3}(I_q)$ an, dass es mehrere Lösungen gibt. Im Allgemeinen wird die Amplitude $A'_{xS3}(I_q)$ je nach Quadrant positiv oder negativ bestimmt. Ohne Beschränkung der Allgemeinheit wird im Folgenden die Amplitude als positiv definiert. Wird sie durch die Gleichung (4.54) zu einem Abtastzeitpunkt k_I negativ berechnet, wird nachträglich ihr Vorzeichen gewechselt und die zugehörige Phasenlage um π erhöht, sofern die ursprüngliche Phasenlage kleiner als π ist oder um π verringert, wenn die ursprüngliche Phasenlage größer als π ist. Damit verringert sich die oben genannte Lösungsvielfalt und der Wertebereich der $\arctan$-Funktion kann für einen bestimmten Querstrom in einem Wertebereich von $-\frac{\pi}{2}$ bis $\frac{3\pi}{2}$ abgebildet werden.

---

[11]Aus numerischen Gründen empfiehlt es sich, eine obere Betragsgrenze festzusetzen: $|q_{x1}| \leq \epsilon$.

Insgesamt bleibt durch die Modulo-Operation die Phasenlage im Intervall zwischen 0 und 2π.

Für die Amplituden und Phasenlagen werden damit folgende Lösungen notiert:

$$A_{xS3}(I_q) = |A'_{xS3}(I_q)| \tag{4.55}$$

$$\gamma_{xS3}(I_q) = \mod\left[\gamma'_{xS3}(I_q) + \frac{\pi}{2}(1 - \mathrm{signum}(A'_{xS3}(I_q))), 2 \cdot \pi\right] \tag{4.56}$$

Die hergeleiteten Gleichungen (4.52), (4.53) und (4.54) weisen eine gewisse Ähnlichkeit zum Goertzel Algorithmus auf [44, 45, 48]. Der Goertzel Algotithmus leitet sich aus der diskreten Fouriertransformation (DFT) ab [44, 46, 47]. Anders als bei der DFT, die das gesamte diskrete Spektrum eines Signals berechnet, wird über den Algorithmus nur die Amplitude und die Phase einer einzelnen Frequenz eines Signals ermittelt. Im Gegensatz zu der in dieser Arbeit verwendeten Methode bezieht sich der Goertzel Algorithmus auf die Zustände eines Filters entsprechend der Gleichungen (4.31) und (4.32), welches sich rückwirkungsfrei auf das analysierte Signal verhält. Die Filterzustände müssen zu einem bestimmten Zeitpunkt aus dem Filter ausgelesen werden. Nur mit den Zuständen zu diesem Zeitpunkt führt der Algorithmus zu der richtigen Amplitude. Die hier entwickelte Methode (Gleichung (4.52), (4.53), (4.54)) wird auf die Zustände eines Filters angewendet, welches über den geschlossenen Regelkreis auf sein eigenes Eingangssignal rückwirkt. Sofern es sich um den stationären Betrieb eines stabilen Systems handelt, stellt sich für die Filterzustände eine Oszillation mit konstanter Amplitude und Phasenlage ein. Für diese Eigenschaft ist die Art des Filterzählerpolynoms ZF nicht von Bedeutung. Die Zustände können zu beliebigen Zeitpunkten gemessen und ausgewertet werden.

Um die Amplituden $A_{xS3}(I_q)$ und die Phasenlagen $\gamma_{xS3}(I_q)$ zu berechnen, können unter idealen Bedingungen im eingeschwungenen stationären Betrieb die Zustände q_{x1} und q_{x2} zu einem einzelnen Reglertakt k_I ausgewertet werden. Unter realen Bedingungen erweist es sich jedoch als günstiger, die Amplituden und die Phasenlagen aus mehreren Reglertakten aufzuzeichnen und statistisch auszuwerten.

Während der Referenzfahrt werden für jeden Betriebspunkt die Filterzustände beider Störgrößenkompensationsfilter und der elektrische Rotorlagewinkel für beispielsweise $n_{k_I} = 2000$ aufeinander folgende Stromreglertakte aufgezeichnet. Für jeden Reglertakt werden im Nachhinein die Amplituden und die Phasenlagen entsprechend der Gleichungen (4.52), (4.53) und (4.54) ermittelt. Es werden für jeden Betriebspunkt folglich jeweils $n_{k_I} = 2000$ Werte für die Amplituden und Phasenlagen gebildet. Gleichung (4.57) zeigt eine solche Wertereihe, wobei das Ξ stellvertretend für eine der Amplituden A_{xS3} oder eine der Phasenlagen γ_{xS3} steht. Aus diesen Wertereihen wird ein gleitender Mittelwert (beziehungsweise gleitender Durchschnitt [56, Seite 143]) über ein Mittelwertfenster von (beispielsweise) $n_{Fen} = 200$ Werten entsprechend der Gleichung (4.58) berechnet.

$$\underline{\Xi} = \begin{pmatrix} \Xi_1 & \Xi_2 & \cdots & \Xi_{n_{k_I}} \end{pmatrix} \tag{4.57}$$

$$\underline{\bar{\Xi}} = \begin{pmatrix} \bar{\Xi}_1 & \bar{\Xi}_2 & \cdots & \bar{\Xi}_{n_{k_I}-n_{Fen}} \end{pmatrix} \tag{4.58}$$

$$\text{mit} \quad \bar{\Xi}_r = \frac{1}{n_{Fen}} \sum_{v=r}^{r+n_{Fen}-1} \Xi_v \quad \text{für} \quad r = 1, 2, \ldots, n_{k_I} - n_{Fen}$$

$$\underline{\tilde{\Xi}} = \begin{pmatrix} \tilde{\Xi}_1 & \tilde{\Xi}_2 & \cdots & \tilde{\Xi}_{n_{k_I}-n_{Fen}} \end{pmatrix} \tag{4.59}$$

$$\text{mit} \quad \tilde{\Xi}_r = \sqrt{\frac{1}{n_{Fen}} \sum_{v=r}^{r+n_{Fen}-1} (\Xi_v - \bar{\Xi}_r)^2} \quad \text{für} \quad r = 1, 2, \ldots, n_{k_I} - n_{Fen}$$

Zusätzlich wird für die Mittelwertfenster die jeweilige Standardabweichung der n_{Fen} Werte gebildet (Gleichung (4.59)). Die Standardabweichungen der jeweiligen Mittelung kann für weitere Auswertungen hinzugezogen werden. So indiziert eine hohe Standardabweichung in der Amplitudenmittelung, dass der Stromregler und das Filter GF noch nicht eingeschwungenen sind. Abbildung 4.20(a) zeigt beispielsweise ein deutliches Einschwingverhalten im Amplitudenverlauf der ersten 250 Werte, in welchem auch die gleitende Standardabweichung hoch ist. Eine hohe Standardabweichung in der Phasenmittelung (bei niedriger Standardabweichung in der Amplitudenmittelung) zeigt an, dass sich die jeweilige Phasenlage γ_{xS3} im Mittel dicht bei 0 beziehungsweise $2 \cdot \pi$ befindet und durch leichtes Schwingen zwischen 0 und $2 \cdot \pi$ springt (siehe Abbildung 4.22(b)). In diesem Fall führt eine Mittlung zu einer falschen Phasenlage. Stattdessen sollte die Phasenlage zu $2 \cdot \pi$ gesetzt werden. Absolute Grenzwerte der Standardabweichungen lassen sich nicht vorhersagen. Es müssen hingegen Erfahrungswerte aus Mess- und Simulationsergebnissen gebildet werden.

Weiterhin wird die Abhängigkeit der Phase $\gamma_{xS3}(I_q)$ vom Querstrom als monoton steigend festgelegt. Ausnahme hierfür ist der Bereich in der Nähe von $I_q = 0$. An dieser Stelle ist die Phase schwer zu detektieren, da die Amplitude meist sehr klein ist (keine Sättigung). Weiterhin kann die Phase in diesem Bereich bei steigendem Querstrom durchaus fallen. Phasen außerhalb des genannten Bereiches, die bei steigendem Querstrom sinken, werden um 2π erhöht. Ob diese Annahme für den Verlauf der Phasenlage der Kompensationsspannung für alle Motoren gültig ist, wird in dieser Arbeit nicht überprüft. Für die simulierten und vermessenen Motoren stellte sich diese Annahme als gültig heraus.

Die abstrakten Ausführungen in diesem Kapitel werden im folgenden Abschnitt am

Beispiel von Simulationsergebnissen veranschaulicht.

4.2.3.3. Simulationsergebnisse zur Kennliniengenerierung

Die im Folgenden präsentierten Simulationsergebnisse beziehen sich auf Simulationsläufe mit einem Maschinenmodell entsprechend Kapitel 2 mit zeitdiskreten Stromreglern sowie Störgrößenkompensationsfiltern (Abschnitt 4.2.2.2). Das Maschinenmodell wird bei konstanten Drehzahlen stromgeregelt. Die Zustände $(q_{x1},\ q_{x2})$ der Störgrößenkompensationsfilter und die elektrische Rotorlage φ_{el} werden über die Simulationszeit von $T_{sim} = 250$ ms mit einer äquidistanten, dem Stromreglertakt entsprechenden Abtastrate von $T_{AI} = 125\ \mu$s abgespeichert. Dies führt zu einer Wertefolge von $n_{k_I} = 2000$ Werten für jedes gespeicherte Signal.

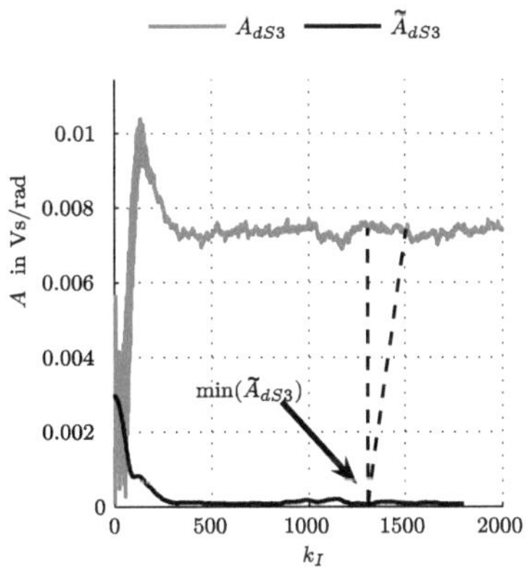

(a) Verlauf der Kompensationsspannungsamplitude A_{dS3} und der Standardabweichung $\tilde{A}_{dS3}$ der gleitenden Mittelung über $n_{Fen} = 200$ Werte

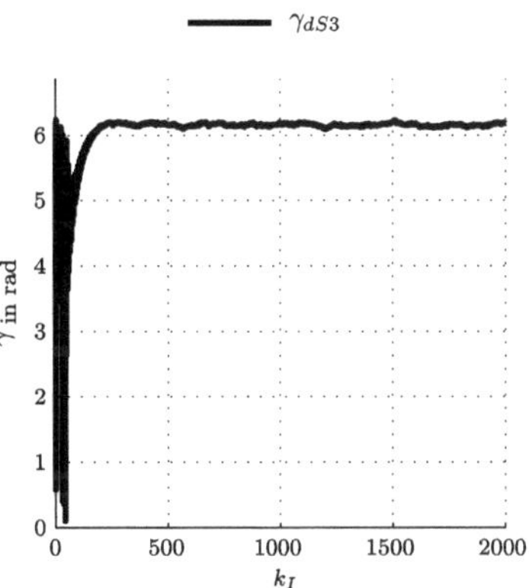

(b) Verlauf der Kompensationsspannungsphasenlage γ_{dS3}.

Abbildung 4.20.: Auswertung der simulierten Kompensationsspannungen im Längszweig bei Drehzahl $n = 3500$ min^{-1} und Querstromsollwert $I_{q,soll} = 26.3$ A

Exemplarisch sind hier die Ergebnisse eines Simulationslaufs mit einer Maschinengeschwindigkeit $n = 3500$ min^{-1} und einem Querstromsollwert $I_{q,soll} = 26.3$ A dargestellt. Wendet man die Gleichungen (4.55) und (4.56) auf die gespeicherten Zustände q_{d1}, q_{d2} des Längszweigfilters und die gespeicherte elektrische Rotorlage φ_{el} an, ergibt sich der in Abbildung 4.20(a) dargestellte Amplitudenverlauf $A_{dS3}(k_I)$. Während der ersten ca.

300 Werte ist deutlich der Einschwingvorgang des Systems zu erkennen. In diesem Bereich ergibt sich eine hohe gleitende Standardabweichung $\tilde{A}_{dS3}(k_I)$ für die über $n_{Fen} = 200$ Werte gemittelte Amplitude. Die Standardabweichung $\tilde{A}_{dS3}(k_I)$ erreicht ihr Minimum von $\min(\tilde{A}_{dS3}(k_I)) = 7.2 \cdot 10^{-5}$ Vs/rad bei $k_I = 1306$. Für die über dieses Fenster gemittelte Amplitude ergibt sich ein Mittelwert von $\bar{A}_{dS3}(k_I = 1306) = 7.45 \cdot 10^{-3}$ Vs/rad. Diese Amplitude wird als die gültige für diesen Betriebspunkt angenommen.

Abbildung 4.20(b) zeigt den simulierten Verlauf der nach den Gleichungen (4.55) und (4.56) berechneten Phasenlage der Kompensationsspannung im Längszweig. Auch hier ist zu Beginn der Simulation ein deutliches Einschwingen des Systems zu erkennen. Die gemittelte Phasenlage wird bei $k_I = 1306$ für die 200 Werte gebildet, für die auch die gemittelte Amplitude berechnet wird. Der gleitende Mittelwert für diese Werte lautet $\bar{\gamma}_{dS3}(k_I = 1306) = 6.16$ rad und hat eine Standardabweichung von $\tilde{\gamma}_{dS3}(k_I = 1306) = 0.018$ rad.

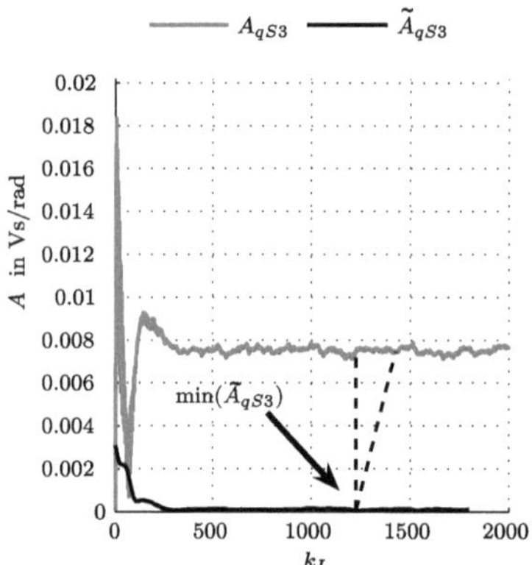

(a) Verlauf der Kompensationsspannungsamplitude A_{qS3} und der Standardabweichung $\tilde{A}_{qS3}$ der gleitenden Mittelung über $n_{Fen} = 200$ Werte

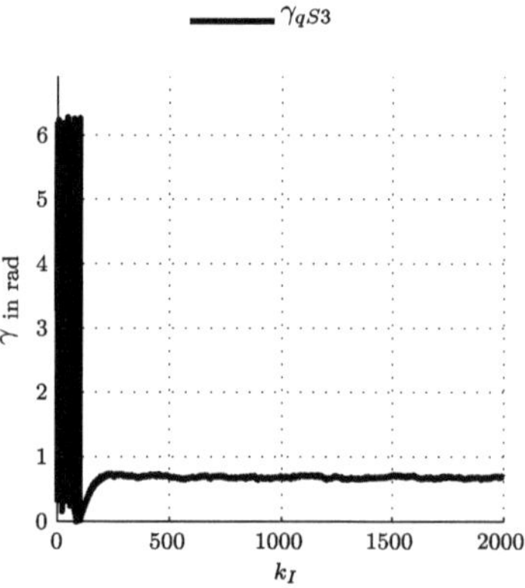

(b) Verlauf der Kompensationsspannungsphasenlage γ_{qS3}

Abbildung 4.21.: Auswertung der simulierten Kompensationsspannungen im Querzweig bei Drehzahl $n = 3500$ min^{-1} und Querstromsollwert $I_{q,soll} = 26.3$ A

Die Diagramme 4.21 zeigen analog zu den vorhergehenden Betrachtungen die simulierten Amplituden- und Phasenverläufe der Kompensationsspannung im Querzweig der Maschine. Die minimale gleitende Standardabweichung für den Amplitudenverlauf liegt bei $k_I = 1225$ und ergibt $\tilde{A}_{qS3}(k_I = 1225) = 5.74 \cdot 10^{-5}$ Vs/rad. Der gleitende Mittelwert ist an dieser Stelle $\bar{A}_{qS3}(k_I = 1225) = 7.56 \cdot 10^{-3}$ Vs/rad. Die gemittelte Phasenlage für diese Werte ist $\bar{\gamma}_{qS3}(k_I = 1225) = 0.67$ rad und besitzt eine Standardabweichung von $\tilde{\gamma}_{qS3}(k_I = 1225) = 0.011$ rad

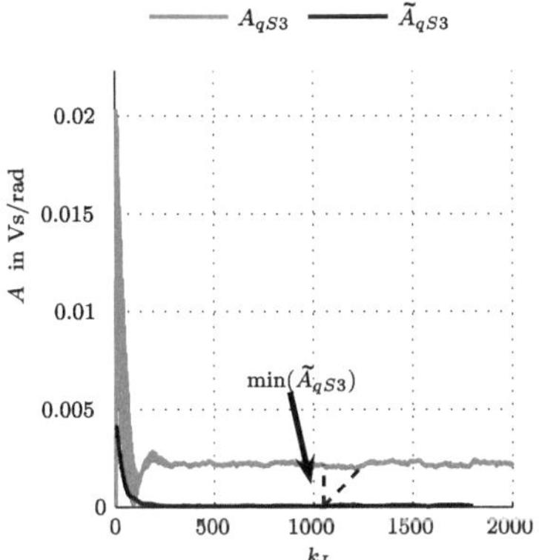
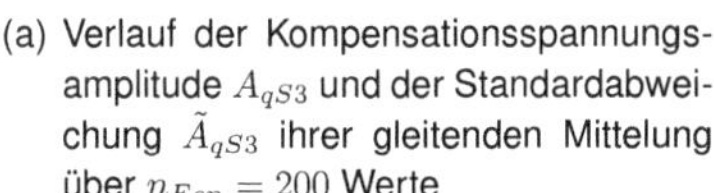

(a) Verlauf der Kompensationsspannungsamplitude A_{qS3} und der Standardabweichung $\tilde{A}_{qS3}$ ihrer gleitenden Mittelung
über $n_{Fen} = 200$ Werte

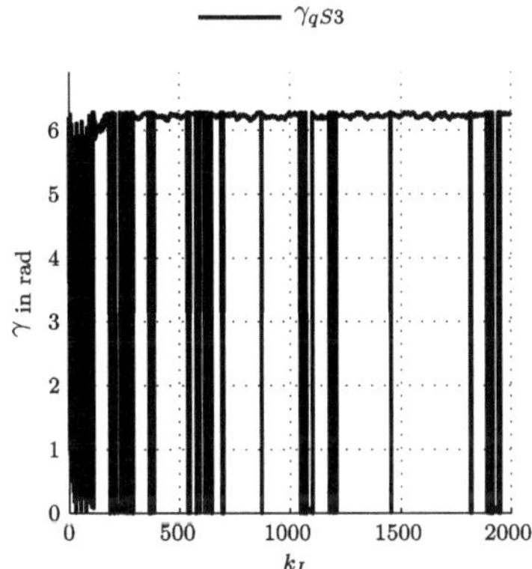

(b) Verlauf der Kompensationsspannungsphasenlage γ_{qS3}

Abbildung 4.22.: Auswertung der simulierten Kompensationsspannungen im Querzweig bei Drehzahl $n = 3500$ min^{-1} und Querstromsollwert $I_{q,soll} = 21$ A

Die Graphen 4.22 zeigen die Signalauswertungen des Querstromfilters für einen weiteren Betriebspunkt ($n = 3500$ min^{-1}, $I_{q,soll} = 21$ A). Die Bestimmung der für diesen Betriebspunkt gültigen Amplitude und Phasenlage beginnt wie bereits für den zuvor analysierten Betriebspunkt mit der Suche nach der minimalen gleitenden Standardabweichung der Amplitude, ab welcher das System als eingeschwungen betrachtet wird. Diese befindet sich bei $k_I = 1049$ und lautet $\tilde{A}_{qS3}(k_I = 1049) = 3.82 \cdot 10^{-5}$ Vs/rad. Der gleitende Mittelwert der Amplitude an dieser Stelle ist $\bar{A}_{qS3}(k_I = 1049) = 2.09 \cdot 10^{-3}$ Vs/rad.

Der Verlauf der Phasenlage (Abbildung 4.22(b)) zeigt einen Effekt, welcher bereits in Abschnitt 4.2.3.2 Erwähnung findet. Ohne statistische Auswertung lässt sich eine Phasenlage von $\gamma_{qS3}(k_I = 1049) = 6.2$ rad beziehungsweise von $\gamma_{qS3}(k_I = 1049) = 0$ rad ablesen. Durch die Modulo-Operation springt die berechnete Phasenlage der Querstromstörspannung durch ein leichtes Schwingen des berechneten Signals zwischen $\gamma_{qS3} = 0$ rad und $\gamma_{qS3} = 2 \cdot \pi$ rad. Dies führt für die gemittelten Werte zu einem falschen Mittelwert ($\bar{\gamma}_{qS3}(k_I = 1049) = 4.59$ rad) und zu einer im Vergleich zu den anderen Betriebspunkten hohen Standardabweichung ($\tilde{\gamma}_{qS3}(k_I = 1225) = 2.75$ rad). Hier kann die hohe Standardabweichung als Indikator für eine falsche Mittelung dienen. In diesem

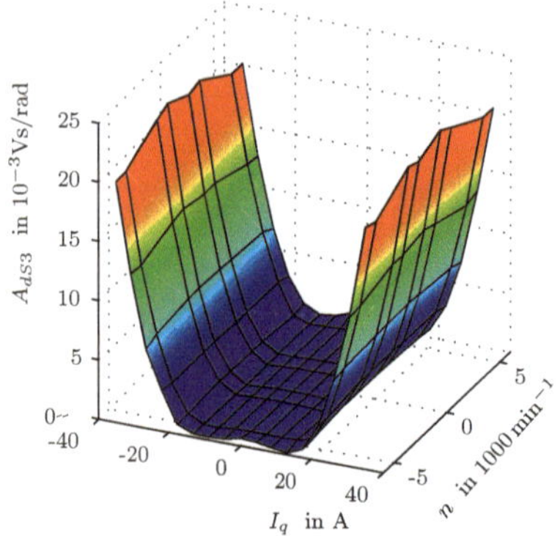

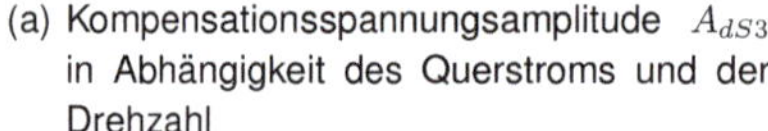

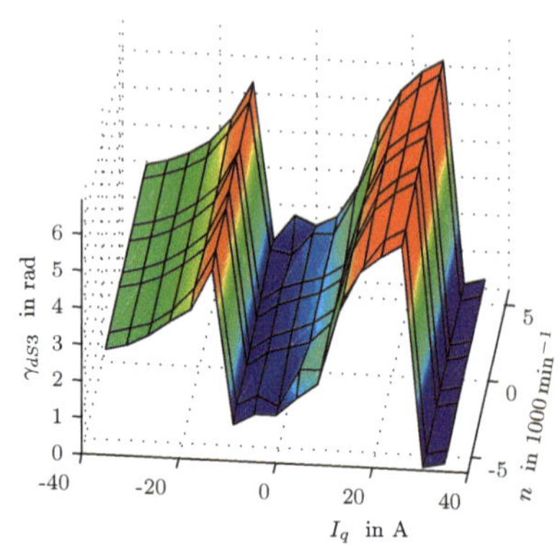

(a) Kompensationsspannungsamplitude A_{dS3} in Abhängigkeit des Querstroms und der Drehzahl

(b) Kompensationsspannungsphasenlage γ_{dS3} in Abhängigkeit des Querstroms und der Drehzahl

Abbildung 4.23.: Auswertung der simulierten Kompensationsspannungen im Längszweig in Abhängigkeit des Querstroms und der Drehzahl

Fall wird im Rahmen einer automatisierten Signalauswertung der gleitende Mittelwert der Phasenlage für diesen Betriebspunkt zu $\bar{\gamma}_{qS3}(k_I = 1049) = 2 \cdot \pi$ rad gesetzt.

Führt man die oben genannten Auswertungen in jedem Betriebspunkt durch, so erhält man jeweils zwei Felder für den Längs- und den Querzweig (Abbildungen 4.23 und 4.24). Das eine Feld (Abbildungen 4.23(a) und 4.24(a)) zeigt jeweils die drehzahlnormierten Amplituden A_{xS3} der Kompensationspannungen U_{xK} in Abhängigkeit des Querstroms und der Drehzahl. Das zweite Feld (Abbildungen 4.23(b) und 4.24(b)) zeigt jeweils die Phasenlage γ_{xS3} der Störspannungen U_{xK} in Abhängigkeit des Querstroms und der Drehzahl. Durch die Modulo-Operation in den Gleichungen zur Phasenberechnung kommt es zu Unstetigkeiten in den Phasenverläufen im Längs- und Querzweig. Diese Sprünge in den Feldern erweisen sich als ungünstig, wenn während des Normalbetriebs zwischen einzelnen Stützstellen interpoliert wird. Die Unstetigkeiten können nachträglich beseitigt werden, wenn die Stützstellen nach der jeweiligen Unstetigkeit so oft um $2 \cdot \pi$ erhöht werden, bis die Unstetigkeit verschwunden ist. Dadurch werden die Felder aus den Abbildungen 4.23(b) und 4.24(b) in Felder entsprechend Abbildung 4.25 überführt.

Wie bereits im Ansatz für die neue Regelung (Gleichung (3.42), (3.43)) beziehungsweise für die Kompensationsspannungsansätze (Gleichung (4.44), (4.45)) abgeleitet, sind

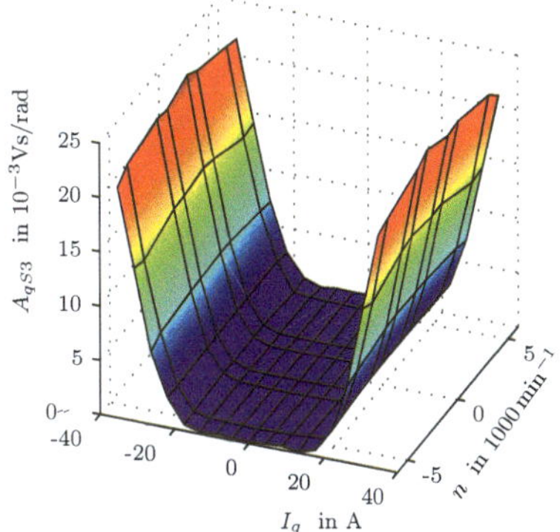

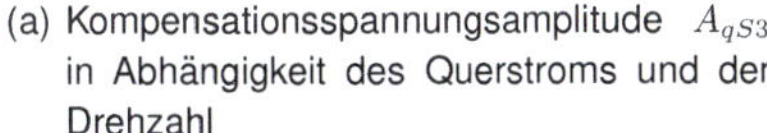

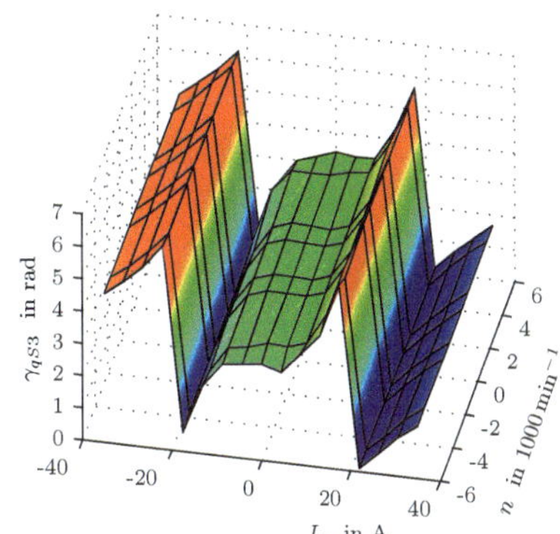

(a) Kompensationsspannungsamplitude A_{qS3} in Abhängigkeit des Querstroms und der Drehzahl

(b) Kompensationsspannungsphasenlage γ_{qS3} in Abhängigkeit des Querstroms und der Drehzahl

Abbildung 4.24.: Auswertung der simulierten Kompensationsspannungen im Querzweig in Abhängigkeit des Querstroms und der Drehzahl

die Amplituden und die Phasenlagen drehzahlunabhängig. Auch in den Simulationsergebnissen zeigen sich keine relevanten Abhängigkeiten der Größen von der Maschinendrehzahl. Die Felder können folglich durch jeweils eine einzige Kurve ersetzt werden, welche nur vom Querstrom abhängig ist. Dabei werden für jeden Querstromstützpunkt die arithmetischen Mittelwerte aus den Stützpunkten verschiedener Drehzahlen gebildet (Diagramme 4.26 und 4.27). Diese gemittelten vier Kurven können direkt als Kennlinien KF_{d1}, KF_{d2}, KF_{q1} und KF_{q2} verwendet werden.

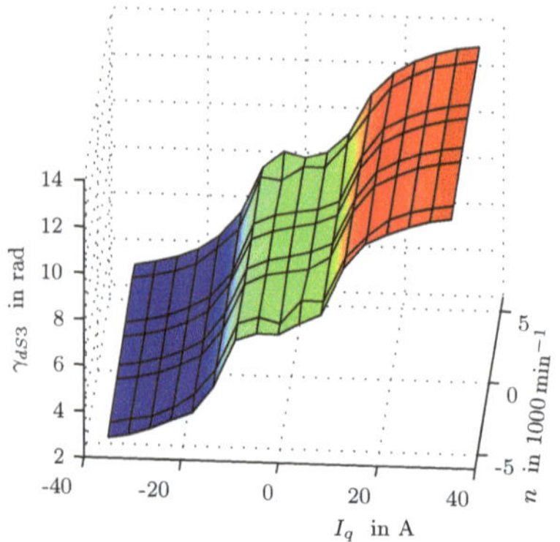

(a) Kompensationsspannungsphasenlage γ_{dS3} in Abhängigkeit des Querstroms und der Drehzahl nach Beseitigung der Unstetigkeiten

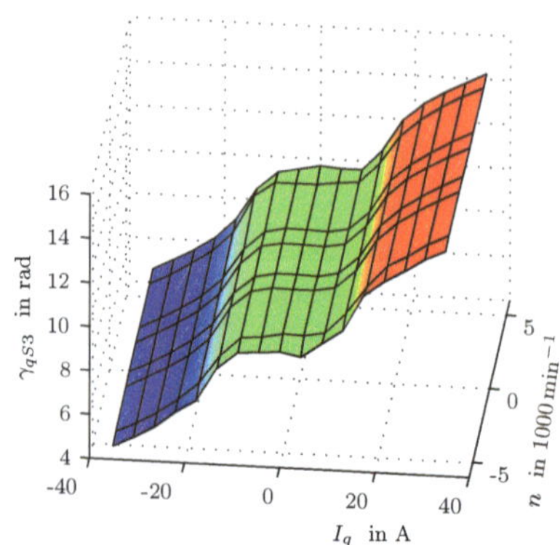

(b) Kompensationsspannungsphasenlage γ_{qS3} in Abhängigkeit des Querstroms und der Drehzahl nach Beseitigung der Unstetigkeiten

Abbildung 4.25.: Auswertung der simulierten Kompensationsspannungsphasenlagen nach Beseitigung der Unstetigkeiten

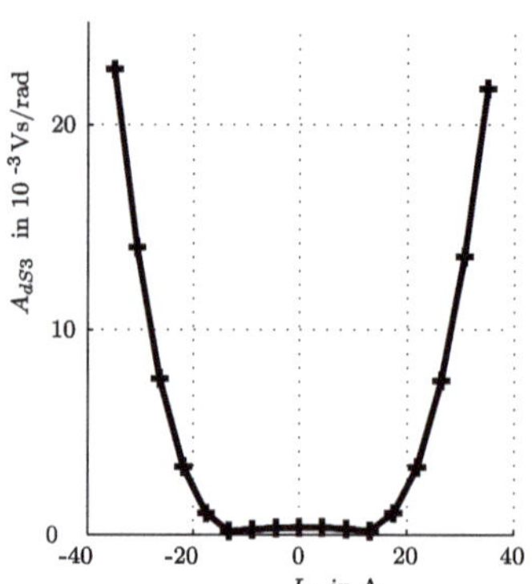

(a) Kompensationsspannungsamplitude A_{dS3} in Abhängigkeit des Querstroms

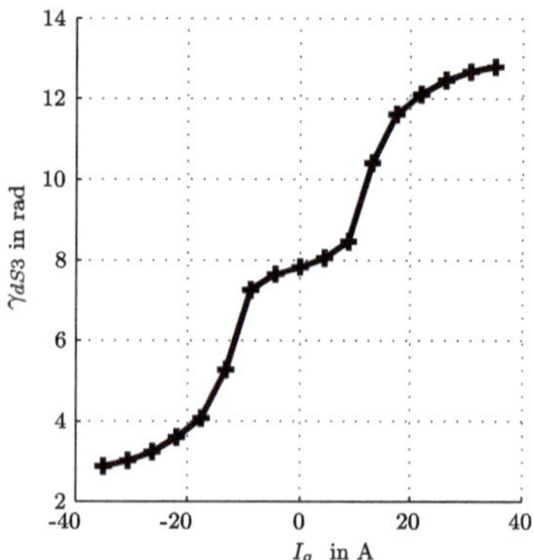

(b) Kompensationsspannungsphasenlage γ_{dS3} in Abhängigkeit des Querstroms

Abbildung 4.26.: Auswertung der simulierten Kompensationsspannungen im Längszweig in Abhängigkeit des Querstroms

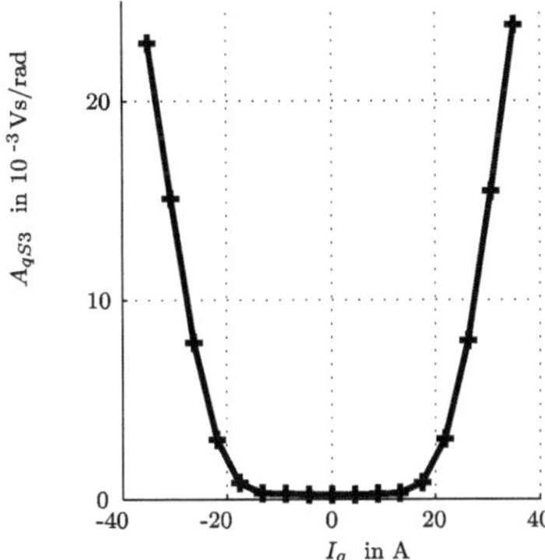

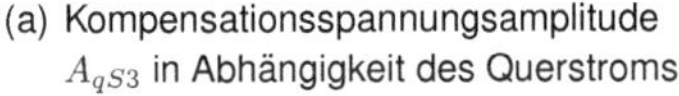

(a) Kompensationsspannungsamplitude A_{qS3} in Abhängigkeit des Querstroms

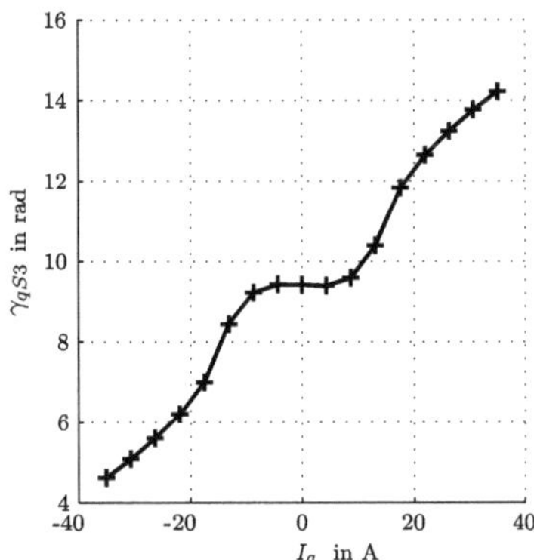

(b) Kompensationsspannungsphasenlage γ_{qS3} in Abhängigkeit des Querstroms

Abbildung 4.27.: Auswertung der simulierten Kompensationsspannungen im Querzweig in Abhängigkeit des Querstroms

4.2.3.4. Messergebnisse zur Kennliniengenerierung

Die messtechnische Generierung der Kennlinien erfolgt analog zu den im vorhergehenden Abschnitt erwähnten Simulationen. Dabei wird ein Versuchsstand mit zwei Motoren aufgebaut, wie er in Abschnitt 4.2.3.2 beschrieben wird. Ähnlich wie in der Simulation wird auch in der Messung ein Feld von Stützstellen abgefahren, in welchem nicht nur der Querstrom, sondern auch die Drehzahl variiert wird. Da sich wie erwartet auch in der Messung keine relevante Drehzahlabhängigkeit der Störspannungsamplituden und Phasen feststellen lässt, ist auch hier die Reduktion der vier Kennfelder auf vier Kennlinien mit einer verbleibenden Abhängigkeit vom Querstrom durchführbar. Effekte wie Unstetigkeiten in der Phasenlage aufgrund der Modulo-Operationen können wie im vorhergehenden Kapitel abgefangen werden.

Die Abbildungen 4.28 und 4.29 zeigen die Auswertungen der Messergebnisse für den Längs- und den Querstromregelkreis der untersuchten Maschine. Die Phasenlagen (Diagramme 4.28(b) und 4.29(b)) zeigen einen Verlauf, welcher ähnlich zu den simulierten Phasenlagen (Diagramme 4.26(b) und 4.27(b)) ist. Auch die Amplituden der Messungen (Diagramme 4.28(a) und 4.29(a)) weisen eine große Ähnlichkeit gegenüber den Amplituden der Simulation auf. Es zeigt sich jedoch ein kleiner, aber wichtiger Unterschied zwischen Messung und Simulation, welcher einen gewissen Einfluss auf die Vorsteuerung der Kompensationsspannung hat: Im Gegensatz zu den Amplituden der simulierten Signale verlaufen die Amplituden der gemessenen Signale nicht achsensymmetrisch zur y-Achse. Weitere Untersuchungen der gemessenen Signale zeigen, dass sich für reale Maschinen im Gegensatz zu den theoretisch abgeleiteten Annahmen eine Drehzahlabhängigkeit der Amplitudenverläufe ergibt. Genauer gesagt handelt es sich um eine Drehrichtungs- beziehungsweise Quadrantenabhängigkeit der Amplitudenverläufe. Das bedeutet, dass bei der Abgabe mechanischer Leistung für positive Drehzahlen und positive Querströme (Quadrant I) sowie für negative Drehzahlen und negative Querströme (Quadrant III) die rechte Seite der Kennlinien und bei der Aufnahme mechanischer Leistung für positive Drehzahlen und negative Querströme (Quadrant II) sowie für negative Drehzahlen und positive Querströme (Quadrant IV) die linke Seite der Kennlinien (Diagramme 4.28(a) und 4.29(a)) gelten. Die Ursache für diesen Effekt ist nicht bekannt. Ein Einflussfaktor, welcher für die Form der Kennlinien von großer Bedeutung ist, ist der Kommutierungswinkel, der für die jeweilige Maschine in der Regelung hinterlegt ist. Weicht das feldorientierte Koordinatensystem der Regelung von der tatsächlichen Rotorlage der Maschine ab, ergeben sich zusätzliche Asymmetrien in den gemessenen Kennlinien. Weitere Gründe für die Quadrantenabhängigkeit können vom Wechselrichter stammen, der in allen Überlegungen bislang als ideales Stellglied angenommen wird. Reale Wechselrichter haben Schalttotzeiten und Spannungsabfälle an den Halbleiterbauelementen. Auch diese Effekte können zu Harmonischen in den Strömen führen, auf welche die Filter während der Referenzfahrt reagieren.

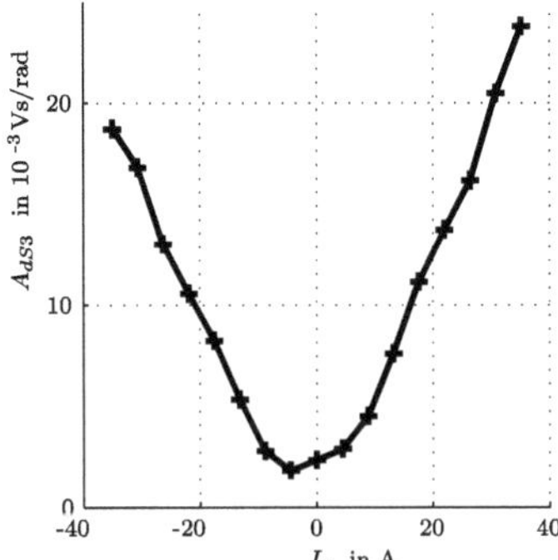

(a) Kompensationsspannungsamplitude A_{dS3} in Abhängigkeit des Querstroms

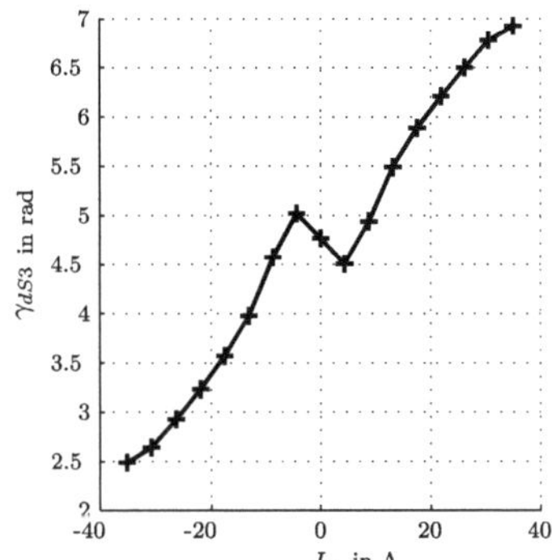

(b) Kompensationsspannungsphasenlage γ_{dS3} in Abhängigkeit des Querstroms

Abbildung 4.28.: Auswertung der gemessenen Kompensationsspannungen im Längszweig in Abhängigkeit des Querstroms

Für die Vorsteuerung durch Kennlinien (oder auch durch Ausgleichsfunktionen) ergeben sich aus der Asymmetrie der Kennlinien folgende Konsequenzen:

$$A_{xS3} = \begin{cases} KF_{x2}(I_q) & \text{für } \omega_{el} \geq 0 \\ KF_{x2}(-I_q) & \text{für } \omega_{el} < 0 \end{cases} \tag{4.60}$$

An dem Prinzip der Vorsteuerung ändert sich durch diese Anpassung nichts. Da die Asymmetrie in den hier aufgeführten Kennlinien schwach ausgeprägt ist, führt die Vorsteuerung trotzdem zu einer Verbesserung der Stromverläufe, auch wenn man diese Anpassung nicht vornimmt. Ob oder wie sich diese Asymmetrie bei anderen Maschinen ausprägt, wird im Rahmen dieser Arbeit nicht untersucht.

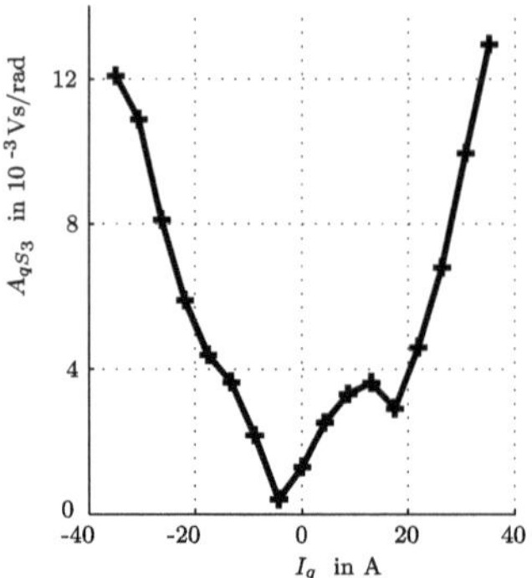

(a) Kompensationsspannungsamplitude A_{qS3} in Abhängigkeit des
Querstroms

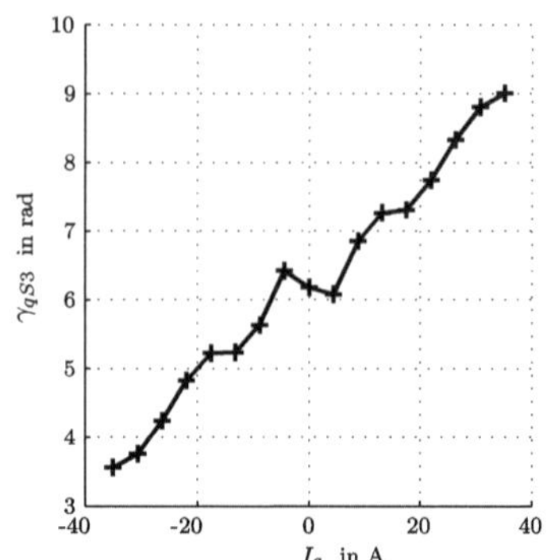

(b) Kompensationsspannungsphasenlage γ_{qS3} in Abhängigkeit des
Querstroms

Abbildung 4.29.: Auswertung der gemessenen Kompensationsspannungen im Querzweig in
Abhängigkeit des Querstroms

4.2.3.5. Datenreduktion durch Ausgleichsfunktionen

Je nach Anwendung und Randbedingungen kann es sich als günstig erweisen, die
Kennlinien und die damit verbundene hohe Menge an Daten (Stützpunkten) durch Ausgleichsfunktionen zu ersetzen (siehe Abbildung 4.30):

$$KF_{x1} \longrightarrow f_{x1}(I_q) \tag{4.61}$$

$$KF_{x2} \longrightarrow f_{x2}(I_q) \tag{4.62}$$

Dabei bieten sich Polynome (Ansätze nach Gleichung (4.63) und (4.64)) an, deren Koeffizienten b_x aus den Kennfelddaten über die Gaußsche Methode der kleinsten Fehlerquadratsumme [51,56] berechnet werden. Die Summe der Fehlerquadrate eignet sich
als Gütekriterium für den Grad l des jeweiligen Polynomansatzes. Die Art des angesetzten Polynoms lässt sich auf die Form der jeweiligen Kennlinie abstimmen. So kann
durch die Beachtung von Symmetrien entschieden werden, ob ausschließlich gerade
oder ungerade Exponenten sinnvoll angesetzt werden.

$$f_{x1}(I_q) = \underline{b_{x1}}^T \cdot \underline{I_q} = \begin{pmatrix} b_{x1,0} & b_{x1,1} & b_{x1,2} & \cdots & b_{x1,l} \end{pmatrix} \begin{pmatrix} 1 \\ I_q \\ I_q{}^2 \\ \vdots \\ I_q{}^l \end{pmatrix} \tag{4.63}$$

$$f_{x2}(I_q) = \underline{b_{x2}}^T \cdot \underline{I_q} = \begin{pmatrix} b_{x2,0} & b_{x2,1} & b_{x2,2} & \cdots & b_{x2,l} \end{pmatrix} \begin{pmatrix} 1 \\ I_q \\ I_q{}^2 \\ \vdots \\ I_q{}^l \end{pmatrix} \tag{4.64}$$

Die Gaußsche Methode liefert die Elemente der Koeffizientenvektoren $\underline{b_{xm}}$ für die Polynomansätze f_{xm} aus den Kennlinien KF_{xm} (mit $m = 1, 2$) durch das Lösen des linearen Gleichungssystems (4.65). Das entsprechende Kennfeld hat r_{KFxm} Messwerte $KF_{xm}(h)$ für die Messzustände $I_q(h)$ mit $h = 1, 2, \ldots, r_{KFxm}$.

$$\frac{\partial Q_{xm}}{\partial \underline{b_{xm}}} = \underline{0} \tag{4.65}$$

$$\text{mit} \quad Q_{xm} = \sum_{h=1}^{r_{KFxm}} \left[KF_{xm}(h) - f_{xm}(I_q(h)) \right]^2 \tag{4.66}$$

$$\text{und} \quad m = 1, 2$$

Statt der unter Umständen großen Datenmengen der Kennfelder müssen durch die Substitution der Kennfelder durch Ausgleichspolynome nur noch die Polynomkoeffizienten $\underline{b_{xm}}$ als Parameter zur Verfügung stehen. Ab einem gewissen Grad l der Polynomansätze erkauft man sich den geringeren Parametrieraufwand jedoch durch einen erheblich höheren Rechenaufwand. Eindimensionale Kennlinien (KF_{xm}) mit linearer Interpolation auszuwerten, benötigt bei einer geschickten Normierung der Eingangsgrößen nahezu unabhängig von der Anzahl der Stützstellen eine wesentlich geringere Anzahl von Rechenoperationen als die Auswertung von Polynomen. Die Optimierung des Speicherplatzes oder der Rechenzeit soll nicht Gegenstand dieser Arbeit sein und sei somit nur beiläufig erwähnt.

4.2.3.6. Beispiele zu Ausgleichsfunktionen

Die Auswahl und die Berechnung von Ausgleichspolynomen aus Kennliniendaten wird in dieser Arbeit nur beispielhaft an jeweils einer Kennlinie aus Simulation und Mes-

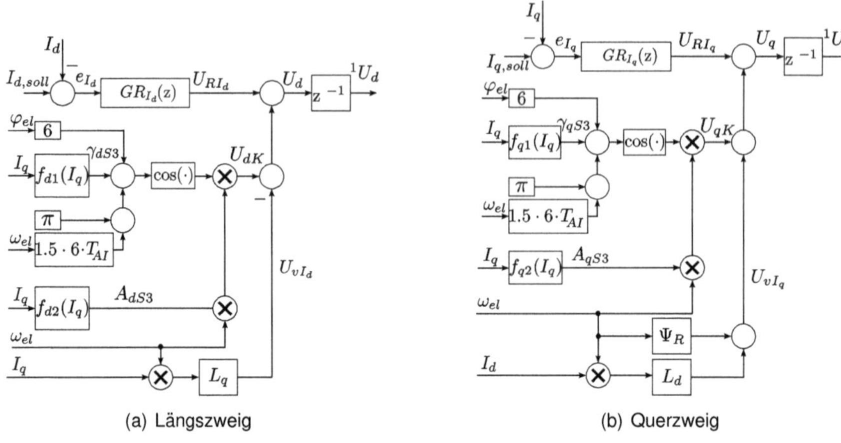

(a) Längszweig   (b) Querzweig

Abbildung 4.30.: Wirkungsplan der grundwellenentkoppelten, zeitdiskreten Regelung mit Ausgleichsfunktionen statt Kennfeldern und Störgrößenvorsteuerung

sung erläutert. In der Literatur [49–51, 56] finden sich zahlreiche Beschreibungen und Beispiele aus verschiedenen Anwendungen zur Bildung von Ausgleichsfunktionen aus Messdaten. In vielen Computerprogrammen wie Matlab, Scilab oder Maxima werden Werkzeuge angeboten, mit welchen man direkt oder mit geringem Aufwand die Koeffizienten für verschiedene Ansätze bestimmen kann. Tabelle 4.1 (erste Zeile) zeigt die simulierten Kennlinienstützpunkte des Amplitudenverlaufs A_{qS3}, welche auch in Abbildung 4.27(a) graphisch dargestellt werden. Man erkennt deutlich eine Achsensymmetrie über die y-Achse. Es bietet sich folglich an, das Ausgleichspolynom mit ausschließlich geraden Exponenten sowie einem Offsetwert anzusetzen. Tabelle 4.2 zeigt verschiedene Polynomansätze, die nach Gleichung (4.65) berechneten Koeffizienten und die sich für diesen Ansatz ergebende Summe der Fehlerquadrate (Residuen) Q_{q2}.

Tabelle 4.1.: Stützstellen der simulierten Kennlinie KF_{q2} (A_{qS3}) und der gemessenen Kennlinie KF_{d1} (γ_{dS3})

$\frac{I_q}{I_N}$	-4	-3.5	-3	-2.5	-2	-1.5	-1	-0.5	0	0.5	1	1.5	2	2.5	3	3.5	4
$\frac{A_{qS3}}{\mathrm{mVs/rad}}$	22.9	15.1	7.9	3.0	0.83	0.31	0.28	0.24	0.23	0.24	0.28	0.31	0.83	3.0	8.0	15.5	23.8
$\frac{\gamma_{dS3}}{\mathrm{rad}}$	2.5	2.6	2.9	3.2	3.6	4.0	4.6	5.0	4.8	4.5	4.9	5.5	5.9	6.2	6.5	6.8	6.9

Auf die graphische Darstellung verschiedener Polynomansätze gemeinsam mit den Kennlinienstützpunkten wird hier verzichtet, da sich bereits ab einem Polynomgrad $l = 4$ kaum noch ein Unterschied zum Kennfeld erkennen lässt. Die Residuen der einzelnen Polynomansätz in Tabelle 4.2 liefern Informationen über die Verbesserung der Genauigkeit, welche durch eine Erhöhung des Polynomgrades erreicht wird. Während sich das Residuum durch die Erhöhung von $l = 6$ auf $l = 8$ noch ungefähr halbiert, erfolgt durch eine weitere Erhöhung auf $l = 10$ nur noch eine Verbesserung um circa 15%. Ein Ausgleichspolynom achten Grades wird damit für diese simulierte Kennlinie als hinreichend genaue Approximation bewertet. Durch Simulationen kann gezeigt werden, dass die Vorsteuerung mit Ansätzen niedrigeren Grades sehr gute Ergebnisse im Stromverlauf erreicht. Bereits durch einen Ansatz vierten Grades lassen sich kaum noch Unterschiede in den Stromverläufen zwischen den Kennlinien und den Ausgleichsfunktionen erkennen. Eine wirksame und zuverlässige Methode zur Auswahl geeigneter Ausgleichsfunktionen muss im Laufe der Anwendung durch Erfahrung entwickelt werden. In diesem Beispiel kann also mit der Substitution der Kennlinie mit 17 Stützpunkten durch ein Polynom achten Grades mit fünf Koeffizienten der Parametrieraufwand um mehr als 70% gesenkt werden.

Tabelle 4.2.: Koeffizienten des Ausgleichspolynoms f_{q2} für simulierte Stützstellen

Grad l	Residuum Q_{q2}	$b_{q2,0}$	$b_{q2,2}$	$b_{q2,4}$	$b_{q2,6}$	$b_{q2,8}$	$b_{q2,10}$
2	$8.80 \cdot 10^{-5}$	$-2.56 \cdot 10^{-3}$	$1.87 \cdot 10^{-5}$	0	0	0	0
4	$6.63 \cdot 10^{-6}$	$-5.59 \cdot 10^{-5}$	$2.56 \cdot 10^{-7}$	$1.57 \cdot 10^{-8}$	0	0	0
6	$1.49 \cdot 10^{-6}$	$5.88 \cdot 10^{-4}$	$-9.96 \cdot 10^{-6}$	$3.87 \cdot 10^{-8}$	$-1.26 \cdot 10^{-11}$	0	0
8	$6.05 \cdot 10^{-7}$	$3.12 \cdot 10^{-4}$	$-2.16 \cdot 10^{-6}$	$-5.19 \cdot 10^{-9}$	$3.25 \cdot 10^{-11}$	$-1.86 \cdot 10^{-14}$	0
10	$5.04 \cdot 10^{-7}$	$2.15 \cdot 10^{-4}$	$2.31 \cdot 10^{-6}$	$-2.68 \cdot 10^{-8}$	$1.11 \cdot 10^{-10}$	$-9.61 \cdot 10^{-14}$	$2.63 \cdot 10^{-17}$

Tabelle 4.1 (zweite Zeile) zeigt die messtechnisch ermittelten Kennlinienstützpunkte des Phasenverlaufs γ_{dS3}, welche auch in Abbildung 4.28(b) graphisch dargestellt werden. Man erkennt eine Punktsymmetrie bezüglich des Punktes $(0, 4.79)$. Es bietet sich folglich an, das Ausgleichspolynom mit ausschließlich ungeraden Exponenten sowie einem Offsetwert anzusetzen. Tabelle 4.3 zeigt verschiedene Polynomansätze, die nach Gleichung (4.65) berechneten Koeffizienten und die sich für diesen Ansatz ergebende Summe der Fehlerquadrate (Residuum) Q_{d1}. An den Residuen lässt sich kein eindeutiger Polynomgrad erkennen, welcher für eine Ausgleichsfunktion hinreichend genau ist.

Abbildung 4.31 zeigt die Kennlinie KF_{d1} gemeinsam mit den Polynomen ersten Grades ($l = 1$) und neunten Grades ($l = 9$). Wie nicht anders zu erwarten, folgt der höhere

Ansatz den Stützpunkten wesentlich besser als der niedrige. Für den niedrigen Ansatz spricht trotzdem, dass er im relevanten Bereich bei hohen Strömen, wo auch die Amplituden der Störspannungen große Werte annehmen, die Phasenlage sehr genau abbildet. In diesem Bereich ist eine gut abgebildete Kompensationsspannung wichtig. Das Polynom neunten Grades nimmt außerhalb des zulässigen Definitionsbereichs schnell ungünstige Werte an. Sollte sich in einer Situation der Istwert des Querstroms außerhalb des zulässigen Bereichs befinden (zum Beispiel beim Überschwingen einer Sprungantwort), kann eine Vorsteuerung der Kompensationsspannungsphase über ein Ausgleichspolynom neunten Grades zu einer falschen Phasenlage und dadurch zu einem schlechten Ergebnis führen. Es wird empfohlen, allgemein bei der Verwendung von Polynomen höheren Grades und auch bei Kennlinien außerhalb des abgebildeten Betriebsbereiches eine lineare Extrapolation vorzunehmen.

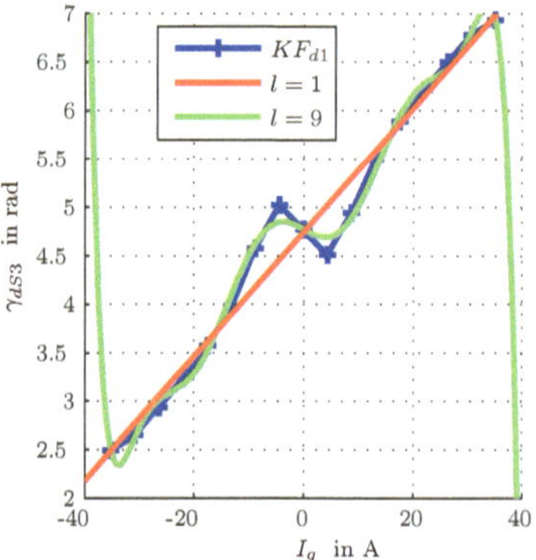

Abbildung 4.31.: Messtechnisch ermittelte Kennlinie KF_{d1} der Phasenlage γ_{dS3} im Vergleich zu Ausgleichspolynomen ersten und neunten Grades

Die Vorsteuerung mit Kennlinien und mit Ausgleichsfunktionen führt in der Messung zu einem nahezu identischen Stromverlauf. Ob die Kennfelder durch Ausgleichspolynome ersetzt werden, spielt also auch an der realen Maschine für die Qualität der Regelung keine Rolle.

Tabelle 4.3.: Koeffizienten des Ausgleichspolynoms f_{d1} für gemessene Stützstellen

Grad l	Residuum Q_{q2}	$b_{q2,0}$	$b_{q2,1}$	$b_{q2,3}$	$b_{q2,5}$	$b_{q2,7}$	$b_{q2,9}$
1	0.946	4.73	$6.42 \cdot 10^{-2}$	0	0	0	0
3	0.889	4.73	$5.79 \cdot 10^{-2}$	$7.58 \cdot 10^{-6}$	0	0	0
5	0.534	4.73	$3.27 \cdot 10^{-2}$	$9.48 \cdot 10^{-5}$	$-5.79 \cdot 10^{-8}$	0	0
7	0.322	4.73	$5.01 \cdot 10^{-3}$	$2.86 \cdot 10^{-4}$	$-3.78 \cdot 10^{-7}$	$1.50 \cdot 10^{-10}$	0
9	0.136	4.73	-0.03	$6.99 \cdot 10^{-4}$	$-1.66 \cdot 10^{-6}$	$1.61 \cdot 10^{-9}$	$-5.41 \cdot 10^{-13}$

4.2.3.7. Simulationsergebnisse zur Regelung mit vorsteuernder Kompensation der Störspannungen

In diesem Abschnitt wird der simulierte Einfluss der vorsteuernden Störspannungs-kompensation auf die Verläufe von Längs- und Querstrom in einem Maschinenmodell präsentiert. Dabei wird auf die Simulation von stationären Szenarien (Drehzahl und Querstromsollwert konstant) verzichtet, da sich diese Simulationsergebnisse nicht von den bereits präsentierten Ergebnissen der Regelung mit Störgrößenkompensationsfiltern (Abschnitt 4.2.2.2) unterscheiden. Weil die Vorsteuerung aus den Filterzuständen während des stationären Betriebs extrahiert wird und im Idealfall die Filterausgänge exakt synthetisiert, ist die Übereinstimmung der Simulationsergebnisse leicht nachvollziehbar. Die Übereinstimmung ergibt sich sowohl für die Vorsteuerung durch Kennlinien als auch bei der Vorsteuerung mit Ausgleichspolynomen.

Das hier aufgeführte Simulationsszenario ist instationär (Drehzahl und Querstromsollwert verändern sich) und est damit genau die Schwachstellen der Regelung mit Störgrößenkompensationsfiltern (vgl. Abschnitt 4.2.2.4). Als der für die Regelung anspruchsvollste und dynamischste Betrieb wird der Reversierbetrieb ohne Fremdträgheit gewählt. Ein solcher Betrieb wird in Abschnitt 4.1.6.1 beschrieben.

Das Simulationsmodell, welches diesen Ergebnissen zu Grunde liegt, ist das bereits in Kapitel 2 beschriebene Modell einer einzelzahnbewickelten Synchronmaschine mit zeitdiskreten PI-Stromreglern sowie einer Störgrößenvorsteuerung (Abschnitt 4.2.3). Die Drehzahl wird über einen PI-Regler entsprechend Abschnitt 4.1.4 geregelt. Dabei kommt auch hier die Sollstrombegrenzung zum Tragen, welche wegen der begrenzten Spannungsreserve des Wechselrichters und des maximal zulässigen Motorstroms entsteht (Kapitel 4.1.5). Die spannungsbedingte Sollstrombegrenzung wird bei der Simulation und der Messung im Gegensatz zum theoretisch möglichen Wert um 3% verringert, um eine Stellgrößenreserve für die Kompensationsspannungen zu sichern.

Abbildung 4.32 zeigt die simulierten Verläufe von Längs- und Querstrom während eines Reversiervorgangs von $n = 6100\ \text{min}^{-1}$ nach $n = -6100\ \text{min}^{-1}$ ohne Störgrößenkompensation. Man erkennt deutlich in beiden Zweigen die Oszillationen, welche sich bei hohem Querstrom und hohen Drehzahlen aufbauen. Vergleicht man diese Simulationsergebnisse mit den gemessenen Signalen beim Reversieren (Abbildung 4.34), zeigt sich eine gute qualitative Übereinstimmung von Simulation und Realität.

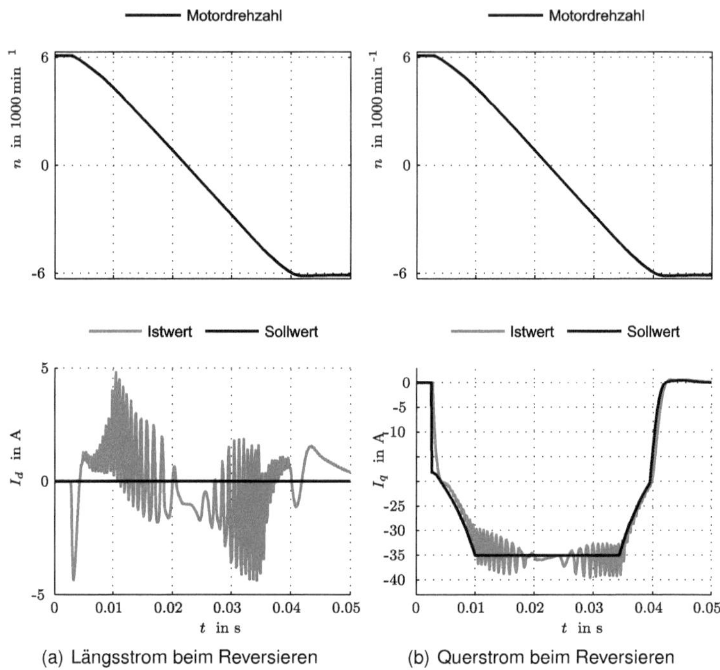

(a) Längsstrom beim Reversieren   (b) Querstrom beim Reversieren

Abbildung 4.32.: Simulierte Stromverläufe beim Reversieren von $n = 6100\ \text{min}^{-1}$ nach $n = -6100\ \text{min}^{-1}$ ohne Störspannungskompensation

Der simulierte Einfluss der Störgrößenkompensation durch Vorsteuerung wird in den Diagrammen 4.33 gezeigt. Sowohl im Längs- als auch im Querstromzweig zeigen sich deutlich geglättete Stromverläufe. Durch die eingeführte Vorsteuerung werden in der Simulation von hochdynamischen Vorgängen die störenden Stromoszillationen nahezu eliminiert. Für die Simulation kann folglich die zuvor getroffene Annahme als gültig bewertet werden: Die Störspannungen U_{xS1} und U_{xS2} (siehe Gleichungen (3.42) und (3.43)), welche bei der Kompensation vernachlässigt werden, haben einen verschwindend geringen Einfluss auf die Stromoszillationen.

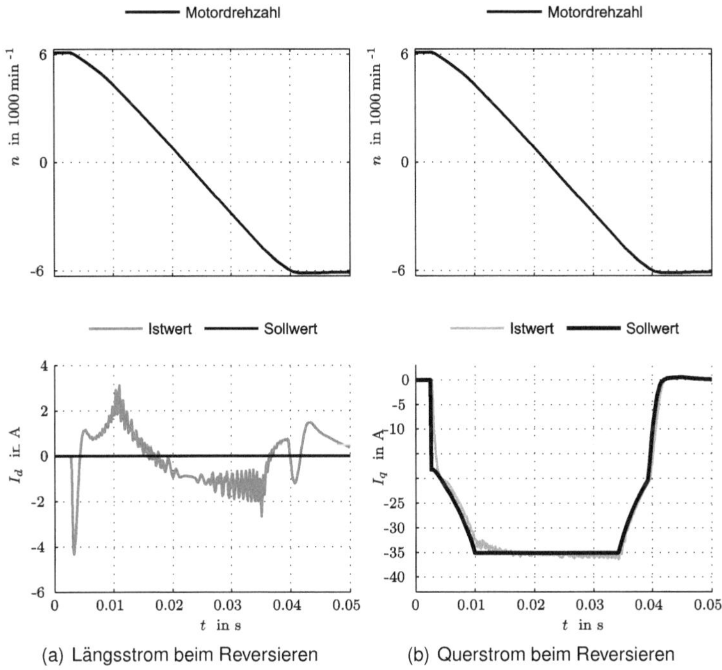

(a) Längsstrom beim Reversieren   (b) Querstrom beim Reversieren

Abbildung 4.33.: Simulierte Stromverläufe beim Reversieren von $n = 6100\ \mathrm{min}^{-1}$ nach $n = -6100\ \mathrm{min}^{-1}$ mit Störspannungskompensation durch Vorsteuerung

Im Längsstromverlauf zeigt sich sowohl mit als auch ohne Störgrößenkompensation ein Ausschlag zeitgleich mit dem Querstromsprung und ein Driften während des gesamten Reversiervorgangs. Der Ausschlag zu Beginn wird über die sättigungsbedingte Kopplung L_{dq0} zwischen Quer- und Längszweig induziert. Durch den steilen Abfall im Querstrom ($\dot{I}_q < 0$) wird eine negative Spannung in den Querzweig eingekoppelt (siehe Gleichung (3.42)). Das Driften entsteht durch eine ungenaue Grundwellenentkopplung. Da sich auch die Grundwellenparameter der Maschine durch magnetische Sättigung ändern, kann das in der Regelung implementierte nominal parametrierte Entkopplungsnetzwerk keine vollständige Entkopplung der Regelkreise sicherstellen. Es findet folglich während des Reversierens eine Feldschwächung durch den Längsstrom statt. Aufgrund der Symmetrie der Maschine ($L_d \approx L_q$) hat diese Feldschwächung jedoch kaum Einfluss auf den Reversiervorgang, da das Maschinenmoment kaum durch den Längsstrom beeinflusst wird. Ein Driften findet auch im Querstromverlauf statt, ist jedoch durch die Skalierung der Diagramme nur in Abbildung 4.33(b) erkennbar. Auffällig bei dem Vergleich der Längsstromverläufe zwischen Simulation (Abbildung 4.32(a)) und Messung (Abbildung 4.34(a)) ist, dass der Längsstrom im mittleren Teil der der Diagramme in der Simulation vom Positiven ins Negative driftet, während er in der Messung vom Negativen ins Positive verläuft. Dies liegt daran, dass sich wegen Abweichungen zwischen Modell und Realität die Parameterungenauigkeiten in der Grundwellenentkopplung der Regelkreise in der Simulation anders auswirken als an der realen Maschine.

4.2.3.8. Messergebnisse zur Regelung mit vorsteuernder Kompensation der Störspannungen

Analog zu den Simulationen wird die Wirkung der vorsteuernden Störgrößenkompensation in Messungen untersucht. Auch hier soll das zu untersuchende Szenario die höchsten Anforderungen an die Dynamik der Regelung stellen. Wie bei der Simulation wird ein Reversiervorgang in Drehzahlregelung ohne Zusatzträgheit als Testlauf gewählt. Da die Vorsteuerung die Ausgänge der Störgrößenkompensationsfilter im stationären Betrieb synthetisiert und die erfolgreiche Wirkung der Filter in diesem Betrieb bereits in Abschnitt 4.2.2.3 präsentiert wird, soll hier auf Messergebnisse der Vorsteuerung im stationären Betrieb verzichtet werden. Es sei aber erwähnt, dass in solchen Fällen die Stromverläufe der Regelung mit Filtern und mit Vorsteuerung nahezu identisch sind.

Die gemessenen Stromverläufe zum Reversieren ohne Störgrößenkompensation (wie es Stand der Technik ist) wird in Abbildung 4.34 dargestellt[12]. Die Figur 4.35 zeigt die Verbesserung der Stromverläufe durch die Kompensation der Störspannungen U_{xS3}.

Die Oszillationen im Längs- und Querstrom werden über den gesamten Drehzahlbereich durch die Vorsteuerung stark verringert. Die Kompensation der sechsten Harmonischen erreicht folglich sowohl im stationären Betrieb bei konstanter Drehzahl und bei konstantem Querstromsollwert als auch im hochdynamischen Reversierbetrieb eine deutliche Glättung der Stromistwerte. Dabei erfüllt dieses Konzept alle in Abschnitt 4.2.1 aufgelisteten Anforderungen an eine neue Regelung.

Ähnlich wie in den Simulationsergebnissen des vorhergehenden Abschnitts sind in den Verläufen des Längsstroms ein Ausschlag zu Beginn und ein Driften während des gesamten Reversierens zu erkennen. Die Erklärung hierfür wird bereits am Ende von Abschnitt 4.2.3.7 geliefert.

---

[12]Die Abbildungen 4.5 und 4.34 sind identisch. Die Wiederholung dient der Übersichtlichkeit.

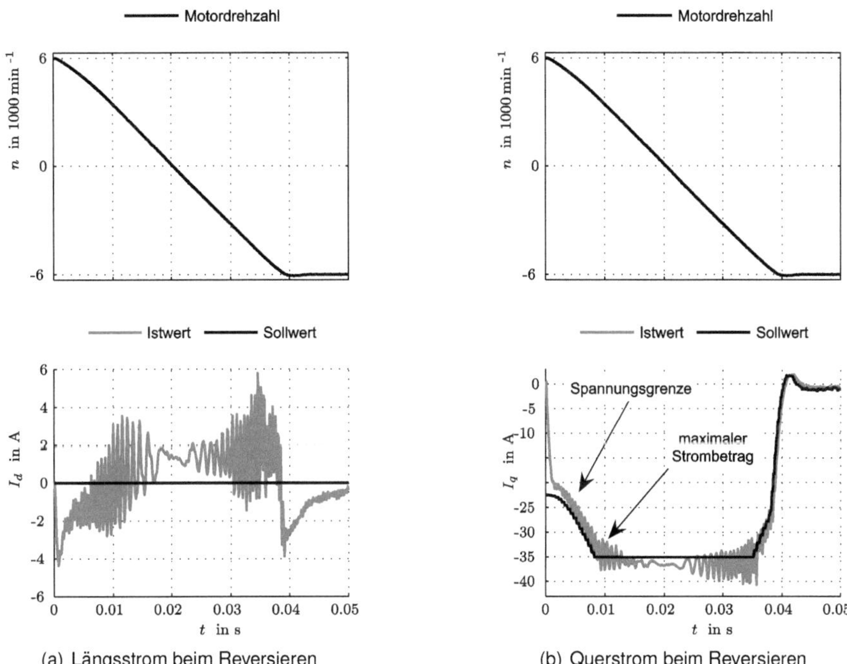

(a) Längsstrom beim Reversieren

(b) Querstrom beim Reversieren

Abbildung 4.34.: Gemessene Stromverläufe beim Reversieren von $n = 6100\,\text{min}^{-1}$ nach $n = -6100\,\text{min}^{-1}$ ohne Störspannungskompensation durch Vorsteuerung

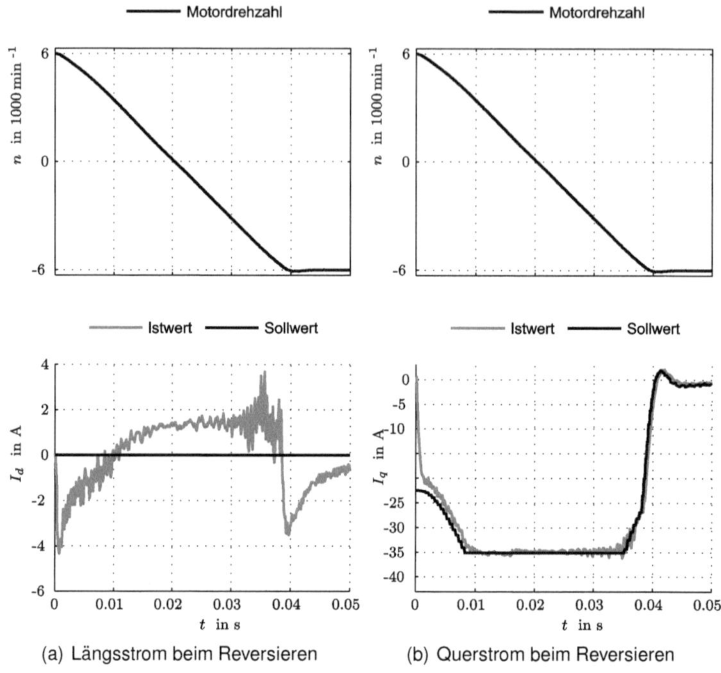

Abbildung 4.35.: Gemessene Stromverläufe beim Reversieren von $n = 6100 \, \text{min}^{-1}$ nach $n = -6100 \, \text{min}^{-1}$ mit Störspannungskompensation durch Vorsteuerung

4.3. Auswirkungen der neuen Stromregelung auf den Wirkungsgrad der Maschine

In diesem Abschnitt werden theoretische Untersuchungen angestellt, um den Einfluss der durch die Vorsteuerung erreichten Stromglättung auf den Wirkungsgrad der Maschine zu bewerten. Dazu wird die ohmsche Verlustleistung der Maschine für glatte und für wellige Stromverläufe analysiert.

Allgemein gilt für die Bilanz der elektrischen Momentanleistung eines elektrischen Drehstromverbrauchers:

$$P_{el} = \underline{U_S}^T \cdot \underline{I_S} \tag{4.67}$$

Dabei gilt für den Strom- und Spannungsvektor die Definition nach Gleichung (3.2). Führt man die strom- und spannungsinvariante Koordinatentransformationen entsprechend der Gleichungen (3.7), (3.8), (3.17) und (3.18) durch, erhält man für die Leistung in feldorientierten Koordinaten:

$$P_{el} = \underline{U_{d,q}}^T \cdot \underline{\underline{T_2}}^T \cdot \underline{\underline{T_1}}^T \cdot \underline{\underline{T_1}} \cdot \underline{\underline{T_2}} \cdot \underline{I_{d,q}} \tag{4.68}$$

Setzt man die Transformationsmatrizen (Gleichung (3.11) und (3.21)) in die Leistungsbilanz (4.68) ein und führt geeignete trigonometrische Umformungen durch, ergibt sich;

$$P_{el} = \frac{3}{2}(U_d \cdot I_d + U_q \cdot I_q) \tag{4.69}$$

Zur Bewertung des Einflusses der Störgrößenkompensation auf die Verlustleistung beziehungsweise auf den Wirkungsgrad der Maschine werden zwei Grenzfälle im stationären Betrieb untersucht:

1. Ohne Störgrößenkompensation – Die Spannungen sind glatt; die Ströme enthalten die sechste Harmonische als Stromrippel. Die Reaktion der Stromregler auf die sechste Harmonische im Strom wird vernachlässigt.

2. Mit Störgrößenkompensation – Die Ströme sind glatt; die Spannungen enthalten die sechste Harmonische zur Kompensation der Störgrößen.

Für die elektrischen Größen kann also im Fall 1 folgender Ansatz getroffen werden:

$$U_d = U_{d0} \tag{4.70}$$

$$U_q = U_{q0} \tag{4.71}$$

$$I_d = I_{d0} + I_{d6} \cdot \sin(6 \cdot \varphi_{el} + \gamma_{Id}) \tag{4.72}$$

$$I_q = I_{q0} + I_{q6} \cdot \sin(6 \cdot \varphi_{el} + \gamma_{Iq}) \tag{4.73}$$

Die elektrische Momentanleistung ist demnach:

$$P_{el,1} = \frac{3}{2}\left(U_{d0} \cdot (I_{d0} + I_{d6} \cdot \sin(6 \cdot \varphi_{el} + \gamma_{Id})) + U_{q0} \cdot (I_{q0} + I_{q6} \cdot \sin(6 \cdot \varphi_{el} + \gamma_{Iq}))\right) \quad (4.74)$$

Berechnet man nun die über eine elektrische Maschinenumdrehung durchschnittliche elektrische Leistung, entsteht:

$$\bar{P}_{el,1} = \frac{1}{2 \cdot \pi} \int_{0}^{2 \cdot \pi} P_{el,1} \, d\varphi_{el} \quad (4.75)$$

$$= \frac{3}{2}(U_{d0} \cdot I_{d0} + U_{q0} \cdot I_{q0}) \quad (4.76)$$

Betrachtet man die ohmsche Verlustleistung $P_{Rv,1}$, die durch den ohmschen Wicklungswiderstand der symmetrischen Maschine entstehen, gilt allgemein:

$$P_{Rv,1} = \frac{3}{2}R \cdot (I_d^2 + I_q^2) \quad (4.77)$$

$$= \frac{3}{2}R \cdot \big((I_{d0} + I_{d6} \cdot \sin(6 \cdot \varphi_{el} + \gamma_{Id}))^2$$

$$+ (I_{q0} + I_{q6} \cdot \sin(6 \cdot \varphi_{el} + \gamma_{Iq}))^2\big) \quad (4.78)$$

Die über eine elektrische Maschinenumdrehung gemittelte ohmsche Verlustleistung ist also im Fall 1:

$$\bar{P}_{Rv,1} = \frac{1}{2 \cdot \pi} \int_{0}^{2 \cdot \pi} P_{Rv,1} \, d\varphi_{el} \quad (4.79)$$

$$= \frac{3}{2}R \cdot (\frac{1}{2} \cdot I_{d6}^2 + \frac{1}{2} \cdot I_{q6}^2 + I_{d0}^2 + I_{q0}^2) \quad (4.80)$$

Für die elektrischen Größen kann im Fall 2 folgender Ansatz getroffen werden:

$$U_d = U_{d0} + U_{d6} \cdot \sin(6 \cdot \varphi_{el} + \gamma_{Ud}) \quad (4.81)$$

$$U_q = U_{q0} + U_{q6} \cdot \sin(6 \cdot \varphi_{el} + \gamma_{Uq}) \quad (4.82)$$

$$I_d = I_{d0} \quad (4.83)$$

$$I_q = I_{q0} \quad (4.84)$$

Die elektrische Momentanleistung ist folglich:

$$P_{el,2} = \frac{3}{2}\left(I_{d0} \cdot (U_{d0} + U_{d6} \cdot \sin(6 \cdot \varphi_{el} + \gamma_{Ud})) + I_{q0} \cdot (U_{q0} + U_{q6} \cdot \sin(6 \cdot \varphi_{el} + \gamma_{Uq}))\right)$$

$$(4.85)$$

Berechnet man nun die über eine elektrische Maschinenumdrehung durchschnittliche elektrische Leistung, entsteht:

$$\bar{P}_{el,2} \;=\; \frac{1}{2\cdot\pi}\int\limits_{0}^{2\cdot\pi} P_{el,2}\,\mathrm{d}\varphi_{el} \tag{4.86}$$

$$=\; \frac{3}{2}(U_{d0}\cdot I_{d0} + U_{q0}\cdot I_{q0}) \tag{4.87}$$

Die über eine Maschinenumdrehung gemittelte elektrische Leistung ist also in beiden Fällen (1 und 2) identisch:

$$\bar{P}_{el,1} = \bar{P}_{el,2} \tag{4.88}$$

Betrachtet man die ohmsche Verlustleistung $P_{Rv,2}$, die durch den ohmschen Wicklungswiderstand der symmetrischen Maschine entstehen, gilt im Fall 2:

$$P_{Rv,2} \;=\; \frac{3}{2}R\cdot(I_d^2 + I_q^2) \tag{4.89}$$

$$=\; \frac{3}{2}R\cdot\big((I_{d0})^2 + (I_{q0})^2\big) \tag{4.90}$$

Die über eine elektrische Maschinenumdrehung gemittelte ohmsche Verlustleistung ist also:

$$\bar{P}_{Rv,2} \;=\; \frac{1}{2\cdot\pi}\int\limits_{0}^{2\cdot\pi} P_{Rv,2}\,\mathrm{d}\varphi_{el} \tag{4.91}$$

$$-\; \frac{3}{2}R\cdot(I_{d0}^2 + I_{q0}^2) \tag{4.92}$$

Vergleicht man den Term für die gemittelte Maschinenverlustleistung ohne Störgrößenkompensation (Fall 1) in Gleichung (4.80) mit dem Term mit Störgrößenkompensation (Fall 2) in Gleichung (4.92), kann man allgemein feststellen, dass

$$\bar{P}_{Rv,1} > \bar{P}_{Rv,2} \tag{4.93}$$

Dies bedeutet, dass bei gleicher zugeführter mittlerer elektrischer Leistung $\bar{P}_{el}$ die mittlere ohmsche Verlustleistung $\bar{P}_{Rv}$ im stationären Betrieb durch die Störgrößenkompensation verringert wird. Geht man davon aus, dass andere Maschinenverluste durch die Kompensation nicht erhöht werden, so wird durch die Stromglättung die mechanische Leistung beziehungsweise das Drehmoment erhöht und damit der Wirkungsgrad der Maschine verbessert. Die Simulationen bestätigen diese Behauptung, messtechnisch werden sie nicht überprüft.

Um einen qualitativen Eindruck der Verlustleistungsverringerung zu erhalten, sei hier der Simulationslauf des stationären Betriebs mit und ohne Störgrößenkompensationsfiltern aus Kapitel 4.2.2.2 verglichen. Aus den Abbildungen 4.11 und 4.12 und Gleichung (4.80) lässt sich die ohmsche Verlustleistung bei herkömmlicher Regelung wie folgt abschätzen:

$$\bar{P}_{Rv,1} = \frac{3}{2}R \cdot (\frac{1}{2} \cdot I_{d6}{}^2 + \frac{1}{2} \cdot I_{q6}{}^2 + I_{d0}{}^2 + I_{q0}{}^2) \tag{4.94}$$

$$= \frac{3}{2} \cdot 0.9\ \Omega \cdot (\frac{1}{2} \cdot (1.8\ \mathrm{A})^2 + \frac{1}{2} \cdot (2\ \mathrm{A})^2 + (0\ \mathrm{A})^2 + (30.7\ \mathrm{A})^2) \tag{4.95}$$

$$= 1277\ \mathrm{W} \tag{4.96}$$

Durch die Störgrößenkompensation entfällt die sechste Harmonische in den Strömen und man erhält:

$$\bar{P}_{Rv,2} = \frac{3}{2}R \cdot (I_{d0}{}^2 + I_{q0}{}^2) \tag{4.97}$$

$$= \frac{3}{2} \cdot 0.9\ \Omega \cdot ((0\ \mathrm{A})^2 + (30.7\ \mathrm{A})^2) \tag{4.98}$$

$$= 1272\ \mathrm{W} \tag{4.99}$$

Die ohmsche Verlustleistung wird durch die Störgrößenkompensation in diesem Betriebspunkt um $5\ \mathrm{W}$ beziehungsweise um $0.4\ \%$ gesenkt. Der Vorteil der neuen Regelung bezüglich einer Wirkungsgradverbesserung ist also für die hier untersuchte Maschine in diesem Betriebspunkt sehr gering.

5. Zusammenfassung

Ziel der Arbeit ist der Entwurf und die Untersuchung von regelungstechnischen Methoden zur Kompensation der sechsten Harmonischen in den Strömen von Synchronmaschinen. Zu diesem Zweck wird ein Simulationsmodell einer dreiphasigen permanentmagneterregten Synchronmaschine entwickelt, in welchem die qualitativen Einflüsse lokaler magnetischer Sättigung auf das elektrische und mechanische Verhalten abgebildet werden. Grundlage für dieses Modell ist ein Netzwerk aus magnetischen Widerständen, in dem die algebraischen Zusammenhänge zwischen Durchflutungen und magnetischen Flüssen dargestellt werden. Die magnetischen Materialeigenschaften werden mit Polynomen angesetzt, was ein analytisches Aufstellen sowohl der Netzwerkgleichungen als auch der Jakobimatrizen ermöglicht. Durch ein Newtonverfahren können mit den Jakobimatrizen die speziell für die Netzwerkstruktur aufgestellten Gleichungen mit wenigen Iterationen direkt in Matlab und anderen Simulationsprogrammen gelöst werden. Dadurch ist das Netzwerk als Prozessmodell zur Verhaltenssimulation dynamischer Vorgänge in Kombination mit Strom- und Drehzahlregelungen innerhalb von Matlab/Simulink geeignet.

Ausgehend von der Analyse der Flussverkettungen des Netzwerkmodells in feldorientierten Koordinaten wird das aus der Literatur bekannte Grundwellenmodell um einen Oberwellenansatz erweitert. Dieser Ansatz beschreibt allgemein das Auftreten der sättigungsbedingten sechsten Oberwelle in den Flussverkettungen und zeigt somit die Ursache für die sechste Harmonische in den geregelten Strömen. Dieses erweiterte Modell wird als Grundlage für den Entwurf von Stromreglern verwendet. Dabei kann der Oberwellenansatz als Störgröße vom Grundwellenmodell abgespaltet werden.

Zur Verringerung der sechsten Harmonischen in den Strömen wird sowohl im Längsals auch im Querstromregelkreis ein zeitdiskretes Filter angesetzt, welches dem jeweiligen Stromregler parallelgeschaltet ist. Da die Frequenz der zu kompensierenden Störgröße drehzahlabhängig (sechste Harmonische) und bekannt ist, werden beide Filter so entworfen, dass die Störgrößenübertragungsfunktionen ein konjugiertkomplexes Nullstellenpaar bei der zu sperrenden Frequenz erhält. Dies wird durch eine Polstelle in den Filtern erreicht. Durch entsprechende Parametrierung des Filter-Zählerpolynoms kann Stabilität in bestimmten Betriebsbereichen erreicht werden. Die

Filter sind mit geringem Aufwand echtzeitfähig in der Firmware aktueller Regelgeräte implementierbar. Da die eigentlichen Stromregler gegenüber der bisherigen Regelung unverändert bleiben, lassen sich diese Filter auch nach ihrer Implementierung einfach deaktivieren. Die Filter führen im stationären Betrieb der Synchronmaschine zu einer Glättung beider Ströme und zu einer nahezu vollständigen Eliminierung der sechsten Harmonischen, was anhand von Mess- und Simulationsergebnissen gezeigt wird. Der Einfluss der Filter auf das dynamische Regelverhalten, beispielsweise auf die Querstromsollwertsprungantwort, ist hingegen nicht akzeptabel.

Um die Einschwingvorgänge in den Filtern bei dynamischem Betrieb zu umgehen, wird eine Vorsteuerung entworfen, welche die Störgrößen kompensieren soll. Da nur die (drehzahlabhängige) Frequenz, nicht jedoch die (stromabhängige) Amplitude und die (stromabhängige) Phasenlage der Störspannung bekannt sind, ist eine Referenzfahrt erforderlich. In dieser Referenzfahrt wird mittels der zuvor beschriebenen Filter die Störgröße in verschiedenen stationären Betriebspunkten kompensiert und die Filterzustände über einen gewissen Messzeitraum abgespeichert. Aus diesen Filterzuständen können vier Kennlinien generiert werden, mit welchen sich über die Vorsteuerung die Stromoszillationen im stationären und dynamischen Betrieb stark verringern lassen. Die Kennlinien werden in einer Simulation und an einem Versuchsaufbau ermittelt und präsentiert. Auch die Glättung der Ströme wird in Mess- und Simulationsergebnissen gezeigt. Die Stützstellen der Kennlinien können optional in Ausgleichsfunktionen zusammengefasst werden, um den Parametrieraufwand zu verkleinern. Ähnlich wie die Filter erfordert auch die Vorsteuerung keinerlei Veränderungen der eigentlichen Stromregelung. Es wird gezeigt, dass durch die Glättung der Ströme die ohmsche Verlustleistung der Maschine geringfügig verkleinert wird. Nimmt man an, dass die anderen Verluste der Maschine durch die Stromglättung nicht vergrößert werden, wird durch die neue Regelung der Maschinenwirkungsgrad leicht verbessert. Der Parametrier- und Rechenaufwand der Vorsteuerung ist geringfügig höher als der der Filter. Eine Optimierung des Programmiercodes wird nicht vorgenommen.

6. Ausblick

Die Modellierung der magnetischen Maschineneigenschaften mit magnetischen Netzwerken ist nicht nur für Synchronmaschinen mit Einzelzahnwicklung geeignet, sondern kann auch auf verteilte Wicklungen, Linearantriebe und Asynchronmaschinen angewendet werden. Wird dabei auf eine günstige Netzwerkstruktur sowie analytische Ansätze für die Magnetisierungseigenschaften der Materialien geachtet, kann auch dort eine leistungsstarke Numerik hinterlegt werden, welche eine dynamische Verhaltenssimulation der Maschinen ermöglicht. Eine solche Modellierung weiterer Maschinentypen kann Gegenstand weiterführender Arbeiten sein. Das Modellprinzip und die numerischen Ansätze können dabei aus dieser Arbeit übernommen werden.

Die Simulationsergebnisse, welche in Kapitel 2.5 zur Erweiterung der Standardgleichungen diskutiert werden, werden unter der Annahme erzeugt, dass die Maschine nicht in Feldschwä chung betrieben wird. Darauf aufbauend wird die Oberwellenerweiterung für eine reine Querstromabhängigkeit, nicht jedoch für eine Längsstromabhängigkeit angesetzt. Die in dieser Arbeit vorgestellten Methoden und Regelungen sind grundsätzlich auch für den Einsatz im Feldschwächbetrieb geeignet. Dafür muss zusätzlich die Längsstromabhängigkeit der Flussverkettungen und der in Kennfeldern abgelegten Größen berücksichtigt werden.

Die im Zuge der Regelung vorgestellten drehzahlabhängig nachgeführten Filter lassen sich nicht nur auf Harmonische sechster Ordnung einstellen, sondern können innerhalb des nach Shannon zulässigen Frequenzbereichs auch auf beliebige andere Frequenzen eingestellt werden. Damit lassen sich auch andere Störgrößenfrequenzen sperren. Weiterhin ist es möglich, mehrere Filter parallel zu schalten, um gleichzeitig verschiedene Frequenzen zu sperren. Für alle Kombinationen dieser Art bietet sich bei der Kompensation vorhersagbarer Störgrößen auch die Möglichkeit, die Kompensationsgrößen über Kennfelder zu generieren.

Für die Störgrößenkompensation durch Vorsteuerung konnten im Rahmen dieser Arbeit keine expliziten Aussagen zur Systemstabilität und zur Robustheit getroffen werden. Es sollte Gegenstand weiterer Untersuchungen sein, entweder einen analytischen Stabilitätsbeweis zu führen oder durch Versuchsreihen festzustellen, in welchen Bereichen und unter welchen Randbedingungen die Vorsteuerung die Regelkreisstabilität nicht gefährdet.

A. Regularität der Jakobimatrizen

Allgemein gilt, dass eine quadratische Matrix invertierbar (regulär) ist, sofern ihre Determinante ungleich null ist. Hier soll gezeigt werden, dass die beiden zur Lösung des Gleichungssystems verwendeten Jakobimatrizen $\underline{\underline{F'_\xi}}$ und $\underline{\underline{F'_\eta}}$ für jeden Arbeitspunkt invertierbar sind. Dabei wird jeweils mithilfe des Computeralgera-Programms MAXIMA[1] analytisch die Determinante der zu invertierenden Jakobimatrix gebildet. Durch entsprechende Zusammenfassung der Terme wird gezeigt, dass die Determinanten (für physikalisch sinnvolle magnetische Widerstände) immer größer als Null ist.

A.1. Invertierbarkeit von F'_ξ

Die Jakobimatrix $\underline{\underline{F'_\xi}}$ des Vektorfeldes $\underline{F}(\xi)$ wird wie folgt gebildet:

$$
\underline{\underline{F'_\xi}} = \frac{\partial \underline{F}(\xi)}{\partial \underline{\xi}} = \begin{pmatrix} \frac{\partial F_1}{\partial \xi_1} & \cdots & \frac{\partial F_1}{\partial \xi_7} \\ \vdots & & \vdots \\ \frac{\partial F_7}{\partial \xi_1} & \cdots & \frac{\partial F_7}{\partial \xi_7} \end{pmatrix}
$$

$$
= \begin{pmatrix}
F'\xi_{1,1} & 0 & 0 & 0 & 0 & 0 & 0 \\
0 & F'\xi_{2,2} & F'\xi_{2,3} & 0 & 0 & F'\xi_{2,6} & F'\xi_{2,7} \\
0 & F'\xi_{3,2} & F'\xi_{3,3} & 0 & 0 & F'\xi_{3,6} & F'\xi_{3,7} \\
F'\xi_{4,1} & F'\xi_{4,2} & F'\xi_{4,3} & 1 & 0 & F'\xi_{4,6} & F'\xi_{4,7} \\
F'\xi_{5,1} & F'\xi_{5,2} & F'\xi_{5,3} & 0 & 1 & F'\xi_{5,6} & F'\xi_{5,7} \\
0 & F'\xi_{6,2} & F'\xi_{6,3} & 0 & 0 & F'\xi_{6,6} & F'\xi_{6,7} \\
0 & F'\xi_{7,2} & F'\xi_{7,3} & 0 & 0 & F'\xi_{7,6} & F'\xi_{7,7}
\end{pmatrix} \tag{A.1}
$$

---

[1] http://maxima.sourceforge.net/

Unter der Annahme, dass das Netzwerk symmetrisch ist, d.h.

$$
\begin{aligned}
\Lambda_{RJ1} &= \Lambda_{RJ2} = \Lambda_{RJ3} &= \Lambda_{RJ} \\
\Lambda_{da} &= \Lambda_{ab} = \Lambda_{dc} &= \Lambda_d \\
\Lambda_{N1} &= \Lambda_{N2} = \Lambda_{N3} &= \Lambda_N \\
\alpha_{SJ1} &= \alpha_{SJ2} = \alpha_{SJ3} &= \alpha_{SJ} \\
\beta_{SJ1} &= \beta_{SJ2} = \beta_{SJ3} &= \beta_{SJ} \\
\alpha_{SZa} &= \alpha_{SZb} = \alpha_{SZc} &= \alpha_{SZ} \\
\beta_{SZa} &= \beta_{SZb} = \beta_{SZc} &= \beta_{SZ}
\end{aligned}
$$

bilden sich die Matrixelemente folgendermaßen:

$$
\begin{aligned}
F'\xi_{1,1} &= 13\beta_{SJ}\left((\Phi_1+\Phi_5)^{12}+(\Phi_1-\Phi_4)^{12}+\Phi_1^{12}\right)+3\alpha_{SJ} \\[4pt]
F'\xi_{2,2} &= 3\Lambda_{RJ} \\[4pt]
F'\xi_{2,3} &= F'\xi_{3,2}=F'\xi_{4,2}=F'\xi_{5,2}=F'\xi_{6,2}=F'\xi_{2,6}=2\Lambda_{RJ} \\[4pt]
F'\xi_{2,7} &= F'\xi_{7,2}=\Lambda_{RJ} \\[4pt]
F'\xi_{3,3} &= F'\xi_{5,6}=2\Lambda_d+2\Lambda_{RJ}+\Lambda_N \\[4pt]
F'\xi_{3,6} &= F'\xi_{4,6}=F'\xi_{4,3}=F'\xi_{5,3}=F'\xi_{6,3}=2\Lambda_d+2\Lambda_{RJ} \\[4pt]
F'\xi_{3,7} &= F'\xi_{4,7}=F'\xi_{7,3}=\Lambda_d+\Lambda_{RJ} \\[4pt]
F'\xi_{4,1} &= -13\beta_{SJ}(\Phi_1-\Phi_4)^{12}-\alpha_{SJ} \\[4pt]
F'\xi_{5,1} &= 13\beta_{SJ}(\Phi_1+\Phi_5)^{12}+\alpha_{SJ} \\[4pt]
F'\xi_{5,7} &= F'\xi_{6,7}=F'\xi_{7,6}=\Lambda_d+\Lambda_{RJ}+\Lambda_N \\[4pt]
F'\xi_{6,6} &= 2\Lambda_d+2\Lambda_{RJ}+2\Lambda_N \\[4pt]
F'\xi_{7,7} &= 2\Lambda_d+\Lambda_{RJ}+\Lambda_N
\end{aligned}
\tag{A.2}
$$

Die Determinante der Jakobimatrix (Gleichung (A.1)) lässt zu folgendem Ausdruck zusammenfassen:

$$
\left|\underline{\underline{F'_\xi}}\right| = \left(27\Lambda_N\Lambda_{RJ}\Lambda_d^2 + 18\Lambda_N\Lambda_{RJ}^2\Lambda_d + 18\Lambda_N^2\Lambda_{RJ}\Lambda_d + 3\Lambda_N\Lambda_{RJ}^3 + 6\Lambda_N^2\Lambda_{RJ}^2 + 3\Lambda_N^3\Lambda_{RJ}\right)
$$
$$
\left(13((\Phi_5+\Phi_1)^{12}+(\Phi_1-\Phi_4)^{12}+\Phi_1^{12})\beta_{SJ}+3\alpha_{SJ}\right)
\tag{A.3}
$$

Für positive (und somit physikalisch sinnvolle) magnetische Widerstände ist der Ausdruck aus Gleichung (A.3) immer positiv. Ergo ist $\underline{\underline{F'_\xi}}$ immer invertierbar.

A.2. Invertierbarkeit von F'_η

Die Jakobimatrix $\underline{\underline{F'_\eta}}$ des Vektorfeldes $\underline{F}(\eta)$ wird wie folgt gebildet:

$$
\underline{\underline{F'_\eta}} = \frac{\partial \underline{F}(\eta)}{\partial \underline{\eta}} = \begin{pmatrix} \frac{\partial F_1}{\partial \eta_1} & \cdots & \frac{\partial F_1}{\partial \eta_7} \\ \vdots & & \vdots \\ \frac{\partial F_7}{\partial \eta_1} & \cdots & \frac{\partial F_7}{\partial \eta_7} \end{pmatrix}
$$

$$
= \begin{pmatrix}
F'\eta_{1,1} & 0 & 0 & F'\eta_{1,4} & F'\eta_{1,5} & 0 & 0 \\
0 & F'\eta_{2,2} & F'\eta_{2,3} & F'\eta_{2,4} & F'\eta_{2,5} & F'\eta_{2,6} & F'\eta_{2,7} \\
0 & F'\eta_{3,2} & F'\eta_{3,3} & F'\eta_{3,4} & F'\eta_{3,5} & F'\eta_{3,6} & F'\eta_{3,7} \\
F'\eta_{4,1} & F'\eta_{4,2} & F'\eta_{4,3} & F'\eta_{4,4} & F'\eta_{4,5} & F'\eta_{4,6} & F'\eta_{4,7} \\
F'\eta_{5,1} & F'\eta_{5,2} & F'\eta_{5,3} & F'\eta_{5,4} & F'\eta_{5,5} & F'\eta_{5,6} & F'\eta_{5,7} \\
0 & F'\eta_{6,2} & F'\eta_{6,3} & F'\eta_{6,4} & F'\eta_{6,5} & F'\eta_{6,6} & F'\eta_{6,7} \\
0 & F'\eta_{7,2} & F'\eta_{7,3} & F'\eta_{7,4} & F'\eta_{7,5} & F'\eta_{7,6} & F'\eta_{7,7}
\end{pmatrix} \tag{A.4}
$$

Mit folgenden Matrixelementen

$$F'\eta_{1,1}=13\beta_{SJ}\left((\Phi_1+\Phi_5)^{12}+(\Phi_1-\Phi_4)^{12}+\Phi_1^{12}\right)+3\alpha_{SJ}=x_{SJ1}+x_{SJ2}+x_{SJ3}$$

$$F'\eta_{1,4}=F'\eta_{4,1}=-13\beta_{SJ}(\Phi_1-\Phi_4)^{12}-\alpha_{SJ}=x_{SJ2}$$

$$F'\eta_{1,5}=F'\eta_{5,1}=13\beta_{SJ}(\Phi_1+\Phi_5)^{12}+\alpha_{SJ}=x_{SJ1}$$

$$F'\eta_{2,2}=3\Lambda_{RJ}$$

$$F'\eta_{2,3}=F'\eta_{3,2}=F'\eta_{4,2}=F'\eta_{2,4}=F'\eta_{5,2}=F'\eta_{2,5}=F'\eta_{6,2}=F'\eta_{2,6}=2\Lambda_{RJ}$$

$$F'\eta_{2,7}=F'\eta_{7,2}=\Lambda_{RJ}$$

$$F'\eta_{3,3}=F'\eta_{5,6}=F'\eta_{6,5}=2\Lambda_d+2\Lambda_{RJ}+\Lambda_N$$

$$F'\eta_{4,4}=2\Lambda_{RJ}+2\Lambda_d+13\beta_{SZ}(\Phi_4^{12}+(\Phi_4+\Phi_5)^{12})+2\alpha_{SZ}+13\beta_{SJ}(\Phi_4-\Phi_1)^{12}=2\Lambda_{RJ}+2\Lambda_d+x_{SZc}+x_{SZb}+x_{SJ2}$$

$$F'\eta_{4,5}=F'\eta_{5,4}=2\Lambda_{RJ}+2\Lambda_d+13\beta_{SZ}(\Phi_1^{12}+(\Phi_4+\Phi_5)^{12})+\alpha_{SZ}=2\Lambda_{RJ}+2\Lambda_d+x_{SZb}$$

$$F'\eta_{5,5}=2\Lambda_{RJ}+2\Lambda_d+\Lambda_N+13\beta_{SZ}(\Phi_5^{12}+(\Phi_4+\Phi_5)^{12})+2\alpha_{SZ}+13\beta_{SJ}(\Phi_5+\Phi_1)^{12}=2\Lambda_{RJ}+2\Lambda_d+\Lambda_N++x_{SZa}+x_{SZb}+x_{SJ1}$$

$$F'\eta_{3,6}=F'\eta_{6,3}=F'\eta_{4,6}=F'\eta_{6,4}=F'\eta_{4,3}=F'\eta_{3,4}=F'\eta_{5,3}=F'\eta_{3,5}=2\Lambda_d+2\Lambda_{RJ}$$

$$F'\eta_{3,7}=F'\eta_{4,7}=F'\eta_{7,3}=F'\eta_{7,4}=\Lambda_d+\Lambda_{RJ}$$

$$F'\eta_{5,7}=F'\eta_{7,5}=F'\eta_{6,7}=F'\eta_{7,6}=\Lambda_d+\Lambda_{RJ}+\Lambda_N$$

$$F'\eta_{6,6}=2\Lambda_d+2\Lambda_{RJ}+2\Lambda_N$$

$$F'\eta_{7,7}=2\Lambda_d+\Lambda_{RJ}+\Lambda_N \tag{A.5}$$

lässt sich die Determinante (Gleichung (A.4)) zu folgendem Ausdruck zusammenfassen:

$$
\begin{aligned}
|\underline{\underline{F'_\eta}}| =\ & \Lambda_N \Lambda_{RJ}((x_{SJ1} + x_{SJ2} + x_{SJ3})(9\Lambda_N^2\Lambda_d^2 + 6\Lambda_N^2\Lambda_{RJ}\Lambda_d + \Lambda_N^2\Lambda_{RJ}^2 + 6\Lambda_N\Lambda_{RJ}x_{SZc}x_{SZa} \\
& + 6x_{SZa}x_{SZb}\Lambda_N\Lambda_{RJ} + 6x_{SZc}x_{SZb}\Lambda_N\Lambda_{RJ} + (x_{SZa} + x_{SZb} + x_{SZc})(18\Lambda_N\Lambda_d^2 \\
& + 12\Lambda_N\Lambda_{RJ}\Lambda_d + 6\Lambda_N^2\Lambda_d + 2\Lambda_N\Lambda_{RJ}^2 + 2\Lambda_N^2\Lambda_{RJ}) \\
& + (x_{SZa}x_{SZb} + x_{SZb}x_{SZc} + x_{SZa}x_{SZc})(27\Lambda_d^2 + 18\Lambda_N\Lambda_d + 3\Lambda_{RJ}^2 + 3\Lambda_N^2 + 18\Lambda_{RJ}\Lambda_d)) \\
& + (x_{SJ1}x_{SJ2}x_{SJ3})(27\Lambda_d^2 + 18\Lambda_{RJ}\Lambda_d + 18\Lambda_N\Lambda_d + 3\Lambda_N^2 + 3\Lambda_{RJ}^2 + 6\Lambda_N\Lambda_{RJ}) \\
& + (x_{SJ1}x_{SJ2} + x_{SJ2}x_{SJ3} + x_{SJ1}x_{SJ3})(18\Lambda_N\Lambda_d^2 + 12\Lambda_N\Lambda_{RJ}\Lambda_d + 6\Lambda_N^2\Lambda_d + 2\Lambda_N\Lambda_{RJ}^2 \\
& + 2\Lambda_N^2\Lambda_{RJ}) + (x_{SJ1}x_{SZc}(x_{SJ3} + x_{SJ2}) + x_{SJ3}x_{SZb}(x_{SJ1} + x_{SJ2}) \\
& + x_{SZa}x_{SJ2}(x_{SJ1} + x_{SJ3}))(27\Lambda_d^2 + 18\Lambda_{RJ}\Lambda_d + 18\Lambda_N\Lambda_d + 3\Lambda_{RJ}^2 \\
& + 6\Lambda_N\Lambda_{RJ} + 3\Lambda_N^2))
\end{aligned}
\tag{A.6}
$$

Dabei werden die folgenden Substitutionen durchgeführt:

$$
\begin{aligned}
13\beta_{SZ}\Phi_5^{12} + \alpha_{SZ} &= x_{SZa} > 0 \\
13\beta_{SZ}(\Phi_4 + \Phi_5)^{12} + \alpha_{SZ} &= x_{SZb} > 0 \\
13\beta_{SZ}\Phi_4^{12} + \alpha_{SZ} &= x_{SZc} > 0 \\
13\beta_{SJ}(\Phi_1 + \Phi_5)^{12} + \alpha_{SJ} &= x_{SJ1} > 0 \\
13\beta_{SJ}(\Phi_1 - \Phi_4)^{12} + \alpha_{SJ} &= x_{SJ2} > 0 \\
13\beta_{SJ}\Phi_1^{12} + \alpha_{SJ} &= x_{SJ3} > 0
\end{aligned}
$$

$$
\tag{A.7}
$$

Da alle Terme in Gleichung A.6 positiv (und somit physikalisch sinnvoll) sind und diese Terme ausschließlich miteinander multipliziert und addiert werden, muss auch die Determinante von $\underline{\underline{F'_\eta}}$ immer positiv sein. Somit ist die Matrix $\underline{\underline{F'_\eta}}$ immer regulär.

Literaturverzeichnis

[1] FITZGERALD, A. E.; KINGSLEY, C JR.; UMANS, S. D.: *Electric Machinery*; Sixth edition, New York: McGraw-Hill, 2003

[2] QUANG, N. P.; DITTRICH, J.-A.: *Praxis der feldorientierten Drehstromantriebsregelung*; 2. Auflage; Renningen-Malsheim: expert-Verlag, 1999

[3] LEONHARD, W.: *Control of Electrical Drives*; 2nd Edition; Berlin: Springer-Verlag, 1996

[4] LEONHARD, W.: *Regelung in der elektrischen Antriebstechnik*; Stuttgart: Teubner Verlag, 1974

[5] SEINSCH, H. O.: *Grundlagen elektrischer Maschinen und Antriebe*; Stuttgart: Teubner Verlag, 1993

[6] SCHÖNFELD, R.: *Digitale Regelung elektrischer Antriebe*; 2. Auflage; Heidelberg: Hüthing Buch Verlag, 1990

[7] SCHRÖDER, D.: *Elektrische Antriebe - Grundlagen*; 3. Auflage, Berlin Heidelberg: Springer-Verlag, 2007

[8] SCHRÖDER, D.: *Elektrische Antriebe - Regelung von Antriebssystemen*; 2. Auflage, Berlin: SpringerVerlag, 2001

[9] VUKOSAVIĆ, S.: *Digital Control of Electrical Drives*; New York: Springer-Verlag, 2007

[10] MOHAN, N.; UNDELAND, T. M.; ROBBINS, W. P.: *Power Electronics*; New York: John Wiley & Sons, Inc., 1995

[11] MICHEL, M.: *Leistungselektronik*; 4. Auflage; Berlin: Springer-Verlag, 2008

[12] BÜCHNER, P.: *Technische Systeme (Skript)*; TU-Dresden: Elektrotechnisches Institut, September 2003

[13] HAMEYER, K.: *Elektrische Maschinen 1 (Skript)*; RWTH Aachen: Institut für elektrische Maschinen, 2001

[14] HAHN, I.: *Einfluß der Ankerrückwirkung auf das Betriebsverhalten permanent-*

magneterregter Synchronmaschinen mit konzentrierten Wicklungen; VDI-Berichte Nr. 1963, 2006

[15] HAHN, I.: *Einfluß der höheren Harmonischen der induzierten Spannung auf das Betriebsverhalten von Motoren mit konzentrierten Wicklungen*; Elektrischmechanische Antriebssysteme:Innovationen-Trends-Mechatronik; VDE Tagungsband; 2004

[16] QUANG, N. P.: *Nichtlineare Regelstrukturen*; Antriebstechnik 43, 2004 Nr. 7

[17] HÜLSMANN, D.: *Erweiterung eines Modells für eine permanentmagneterregte Synchronmaschine*; Diplomarbeit; Fachbereich Elektrotechnik und Informatik, Fachhochschule Münster; 2006

[18] SCHLECHT, M: *Erstellung eines Simulationsmodells für eine permanentmagneterregte Synchronmaschine auf Basis der Flussverkettungen*; Diplomarbeit; Fakultät Ingenieurwissenschaften und Informatik, Fachhochschule Osnabrück; 2006

[19] MÜLLER, G.; PONICK, B..: *Grundlagen elektrischer Maschinen*; 9. Auflage; Weinheim: Wiley-VCH Verlag, 2006

[20] MÜLLER, G.; VOGT, K.; PONICK, B..: *Berechnung elektrischer Maschinen*; 6. Auflage; Weinheim: Wiley-VCH Verlag, 2008

[21] MÜLLER, G.: *Theorie elektrischer Maschinen*; Weinheim: Wiley-VCH Verlag, 1995

[22] POLINDER, H; SLOOTWEG, J. G.; HOEIJMAKERS, M. J.; COMPTER, J. C.: *Modeling of a Linear PM Machine Including Magnetic Saturation and End Effects: Maximum Force-to-Current Ratio*; IEEE Trans. Ind. Applicat., vol 39, no 6, November 2003

[23] MEYER.W.; OSWALD, A.; NUSCHELER, R.; HERZOG, H.-G.: *Verfahren zur automatischen Generierung von Reluktanznetzwerken für elektromechanische Wandler*; VDI-Berichte Nr. 1963, 2006

[24] ZHU, Y.; CHO, Y.: *Thrust Ripples Suppression of Permanent Magnet Linear Synchronous Motor*; IEEE Trans. on Magnetics., vol 43, no. 6, June 2007

[25] KOKES, M.: *Einrichtung zur Regelung von Systemen, deren Störgrößen einen zeit- oder winkelperiodischen Anteil enthalten*; Deutsches Patentamt, Offenlegungsschrift DE 4026091 A1, 1990

[26] WEIHRICH, G.: *Schaltanordnung zur Drehzahlregelung einer von einem Elektromotor angetriebenen Arbeitsmaschine mit veränderlicher Belastung*; Deutsches Patentamt, Offenlegungsschrift DE 2802224 A1, 1978

[27] OMAE, T. ET AL.: *Ohne Titel*; Deutsches Patentamt, Offenlegungsschrift DE

3722099 A1, 1987

[28] AMRHEIN, W.: *Verfahren zur Ansteuerung elektromechanischer Wandler*; Deutsches Patentamt, Offenlegungsschrift DE 3941553 A1, 1989

[29] BOHN, CH.; KARKOSCH, H.-J.;SVARICEK,F.: *Zustandsbeobachter für periodische Signale: Anwendung zur aktiven Kompensation von motorerregten Karosserieschwingungen*; at-Automatisierungstechnik 11/2005, Oldenbourg Wissenschaftsverlag

[30] JOHNSON, C. D.: *Accommodation of External Disturbances in Linear Regulator and Servomechanism Problems*; IEEE Trans. on Automatic Control., vol. AC-16, no. 6, December 1971

[31] HUNG, J.; DING, Z.: *Design of current to reduce torque ripple in brushless permanent magnet motors*; IEE Proc., vol. 140, no. 4, July 1993

[32] HÖGER, W.; LIEPERT, K.: *Kompensation periodischer Störungen bei Antriebssystemen mit schwingungsfähiger Mechanik* SPS/IPC/Drives; Nürnberg: 2003;

[33] DOENITZ, S.: *Verfahren zur Minimierung des Einflusses von Störkräften in lagegeregelten Vorschubantrieben*; Dissertation vom Fachbereich 18 Elektrotechnik und Informationstechnik; Technische Universität Darmstadt, 2003

[34] KANERVA, S.; STULZ, C.; GERHARD, B.; BURZANOWSKA, H.; JÄRVINEN, J.; SEMAN, S.: *Coupled FEM and system simulator in the simulation of asynchronous machine drive with direct torque control*; Recent Developments of Electrical Drives; Best papers from the International Conference on Electrical Machines ICEM 2004

[35] WENDT, W.; LUTZ, H.: *Taschenbuch der Regelungstechnik*; dritte Auflage, Frankfurt a.M.: Verlag Harri Deutsch, 2000

[36] REINSCHKE, K.: *Lineare Regelungs- und Steuerungstheorie*; 1. Auflage, Berlin: Springer Verlag, 2006

[37] LUNZE, J.: *Regelungstechnik 1*; 5. Auflage, Berlin: Springer Verlag, 2006

[38] LUNZE, J.: *Regelungstechnik 2*; 4. Auflage, Berlin: Springer Verlag, 2006

[39] FÖLLINGER, O.: *Regelungstechnik*; 6. Auflage, Heidelberg: Hüthing Verlag, 1990

[40] PHILIPPOW, E.: *Grundlagen der Elektrotechnik*; achte Auflage, Berlin: VEB Verlag Technik, 1989

[41] BUSCH, R.: *Elektrotechnik und Elektronik*; vierte Auflage, Wiesbaden: Teubner Verlag, 2006

[42] KÜPFMÜLLER, K.; MATHIS, W.; REIBIGER, A.: *Theoretische Elektrotechnik*; 17. Auflage, Berlin, Heidelberg, New York: Springer Verlag, 2006

[43] WERNER, M.: *Signale und Systeme*; 2. Auflage, Vieweg, 2005

[44] ENGELBERG, S.: *Digital Signal Processing*; 4. Auflage, London: Springer Verlag, 2008

[45] GONZÁLEZ, S. A.; GARCÍA-RETEGUI, R.; BENEDETTI, M.: *Harmonic Computation Technique Suitable for Active Power Filters*; IEEE Trans. Ind. Electronics., vol 54, no 5, October 2007

[46] WENDEMUTH, A.: *Grundlagen der digitalen Signalverarbeitung*; Berlin: Springer Verlag, 2005

[47] OHM, J.-R.;LÜKE, H. D.: *Signalübertragung*; 9. Auflage; Berlin: Springer Verlag, 2005

[48] GOERTZEL, G.: *An algorithm for the evaluation of finite trigonometric series*; The American Mathematical Monthly, Vol. 65, No. 1; Jan. 1958

[49] BARTSCH, H.-J.: *Taschenbuch mathematischer Formeln*; siebzehnte Auflage, Leipzig: Carl Hanser Verlag, 1997

[50] MERZINGER, G.; MÜHLBACH, G.; WILLE, D.; WIRTH, TH: *Formeln und Hilfen zur höheren Mathematik*; 3 Auflage, Binomi Verlag, 1999

[51] SCHWARZ, H. R.; KÖCKLER, N.: *Numerische Mathematik*; 6. Auflage; Wiesbaden: Teubner Verlag, 2006

[52] SCHABACK, R.; WENDLAND, H.: *Numerische Mathematik*; 5. Auflage; Heidelberg: Springer Verlag, 2005

[53] PAPULA, L.: *Mathematik für Ingenieure und Naturwissenschaftler*; Band 2, 11. Auflage; Wiesbaden: Vieweg Verlag, 2007

[54] STOER, J.: *Numerische Mathematik 1*; 5. Auflage; Berlin: Springer-Verlag, 1989

[55] STOER, J.: *Numerische Mathematik 2*; 3. Auflage; Berlin: Springer-Verlag, 1990

[56] CRAMER, E.;KAMPS, U.: *Grundlagen der Wahrscheinlichkeitsrechnung und Statistik*; 2. Auflage; Berlin: Springer Verlag, 2008

[57] REISS, K.;SCHMIEDER, G.: *Basiswissen Zahlentheorie*; 2. Auflage; Berlin: Springer Verlag, 2007

[58] WEBER, R.: *Klassische Physik - Experimentelle und Theoretische Grundlagen*;

erste Auflage, Wiesbaden: Teubner Verlag, 2007

[59] CEDIGHIAN, S.: *Die magnetischen Werkstoffe*; Düsseldorf: VDI-Verlag, 1973

[60] HORNBOGEN, E.; WARLIMONT, H.: *Metalle*; 5. Auflage; Berlin: Springer-Verlag, 2006

[61] IVERS-TIFFÉE, E.; VON MÜNCHEN, W.: *Werkstoffe der Elektrotechnik*; 10. Auflage; Wiesbaden: Teubner Verlag, 2007

[62] WEISSBACH, W.: *Werkstoffkunde*; 16. Auflage; Wiesbaden: Vieweg, 2007

[63] ILSCHNER, B.; SINGER, R.F.: *Werkstoffwissenschaften und Fertigungstechnik*; 4. Auflage; Berlin: Vieweg, 2005

[64] KRISHNAN, R.; VIJAYRAGHAVAN, P.: *Fast Estimation and Compensation of Rotor Flux Linkage in Permanent Magnet Synchronous Machines*; Proceedings on the IEEE International Symposium on Industrial Electronics, vol. 2, 1999

[65] HOLTZ, J.; SPRINGOB, L.: *Identification and Compensation of Torque Ripple in High-Precision Permanent Magnet Motor Drives*; IEEE Trans. on Ind. Applicat., vol. 43, no. 2, April 1996

[66] MADANI, A.; BARBOT, J. P.; COLAMARTINO, F.; MARCHAND, C.: *An observer for the estimation of the inductance harmonics in a Permanent-Magnet Synchronous Machine*; Proceedings on the IEEE International Conference on Control Applications, 1997

[67] ABIDO, M. A.; ABDEL-MAGID, Y. L.: *On-line identification of synchronous machines using radial basis function neural networks*; IEEE Trans. on Power Systems, vol. 12, no. 4, November 1997

FSC
www.fsc.org
MIX
Papier aus verantwortungsvollen Quellen
Paper from responsible sources
FSC® C105338